多目标进化算法研究与应用

马　佳　著

东北大学出版社

·沈　阳·

ⓒ 马 佳 2023

图书在版编目（CIP）数据

多目标进化算法研究与应用 / 马佳著. — 沈阳：
东北大学出版社，2023.9
ISBN 978-7-5517-3407-3

Ⅰ. ①多…　Ⅱ. ①马…　Ⅲ. ①多目标（数学）－最优化
算法－研究　Ⅳ. ①O242. 23

中国国家版本馆 CIP 数据核字（2023）第 179478 号

出 版 者：东北大学出版社
　　　　　地址：沈阳市和平区文化路三号巷 11 号
　　　　　邮编：110819
　　　　　电话：024－83680176（总编室）　83687331（营销部）
　　　　　传真：024－83680176（总编室）　83680180（营销部）
　　　　　网址：http://www. neupress. com
　　　　　E-mail: neuph@ neupress. com
印 刷 者：沈阳市第二市政建设工程公司印刷厂
发 行 者：东北大学出版社
幅面尺寸：170 mm×240 mm
印　　张：11.25
字　　数：202 千字
出版时间：2023 年 9 月第 1 版
印刷时间：2023 年 9 月第 1 次印刷
策划编辑：牛连功
责任编辑：周　朦
责任校对：张庆琼
封面设计：潘正一
责任出版：唐敏志

ISBN 978-7-5517-3407-3　　　　　　　　　　　定　价：46.00 元

前　言

　　优化问题是工程实践和科学研究中的主要问题之一。现实世界中的许多优化问题都蕴含多个待优化的目标，人们常常需要在多个相互冲突的目标需求下，寻求一组能够满足多方要求的折中解决方案。这类问题即多目标优化问题。多目标优化问题属于多准则决策领域，它需要在两个及以上相互矛盾的目标中进行权衡考虑，进而做出最佳决策。如何获得这类问题的最优解，一直是学术界和工程界关注的焦点问题。

　　进化算法是人工智能中进化计算的分支，受到自然界生物的进化机制启发，通过模拟繁殖、突变、遗传重组、自然选择等进化过程迭代搜索最优解。它采用基于种群的随机优化，具有较强的全局搜索能力，因此被广泛地应用于求解多目标优化问题。近年来，涌现出很多通过模拟某一自然现象或过程而建立起来的优化方法。这类方法包括遗传算法、模拟退火算法、禁忌搜索算法、人工免疫算法、粒子群优化算法、蚁群算法和人工蜂群算法等。它们已被成功地应用于多目标优化领域，且取得了较好的成绩。

　　多目标进化算法是目前应用最广泛的求解多目标优化问题的方法。该算法能够帮助决策者在两个及以上相互矛盾的目标中进行权衡考虑，从而做出最佳决策，是智能计算领域的一个重要研究方向。随着研究者的人数和研究兴趣的增多，多目标优化理论体系中的一系列问题得到了妥善解决，如超多目标问题、大规模决策变量问题、多目标支配关系问题等。随着学者的不断研究，他们提出了很多经典的多目标进化算法，如 MOGA，NSGA Ⅱ，NPGA，SPEA2 等，并已经成功地应用到许多领域，如优化控制、数据挖掘、证券组合投资、物流配送、机器人运动规划等。

　　本书全面总结了多目标进化算法的发展现状及国内外同行已取得的成果，针对现实问题，从多个角度对该算法进行完善和改进，并将改进后的算法应用

1

于实际问题中。本书内容分为 6 章：第 1 章为绪论，介绍了多目标优化问题的概念，并梳理了各种智能优化算法的基本思想和原理；第 2 章为多目标进化算法研究基础，重点介绍了多目标进化算法的研究现状、算法原理、算法一般框架及算法性能评价指标；第 3 章为多目标进化算法，重点介绍了目前提出的几种经典多目标进化算法的基本原理和流程；第 4 章为求解智能仓储机器人调度问题的改进 NSGA Ⅱ 算法，针对智能仓储系统中的任务分配问题，提出了一种利用非支配排序和 maximin 适应度函数的新算法，并进行了应用分析；第 5 章为基于范数 P 的 maximin 适应度排序多目标进化算法，提出了一种新的基于两两比较的适应度评价函数 M2F-p 来处理多目标优化问题的改进算法；第 6 章为基于决策空间分解的大规模进化优化方法。

本书由沈阳航空航天大学马佳撰写，特别感谢东北大学马连博教授、中国科学院沈阳自动化研究所石刚研究员的指导和帮助。本书的撰写工作得到了辽宁省社会科学规划项目（L20CGL012）等课题的资助，在此谨向相关部门表示感谢。

本书有关内容引用、参考了国内外相关专家学者的文献，在此向所有被引用文献的作者表示感谢。

感谢著者家人的大力支持和理解。

由于著者水平有限，本书中难免存在不妥之处，恳请读者批评指正。

著 者

2023 年 5 月

目 录

第1章 绪 论

1.1 引 言

国民经济的各部门和科学技术的各个领域普遍存在最优化问题。最优化问题就是从所有可能的方案中选择最合理的、达到最优目标的方案，即最优方案[1]。追求最优目标一直是人类的理想，长期以来，人们对最优化问题进行了不断的探讨和研究。多目标优化问题（multi-objective optimization problem，MOP）是最优化理论问题研究的一个重要分支，是目前科学研究和工程应用领域重要的研究课题，它不仅具有超高的学术价值，而且具有广泛的社会应用需求。近年来，伴随着研究的不断深入，对多目标解的精度要求逐渐提高，这成为目前的热点研究方向[2]。由于多目标优化问题涉及多个约束条件和多个相互制约的目标，所以如何选择合适的多目标优化算法解决实际优化问题受到了广泛的关注。

智能优化算法是通过模拟某一自然现象或过程而建立起来，用以解决复杂优化问题的新方法。20 世纪 80 年代以来，一些新颖的优化算法先后出现，如人工神经网络、遗传算法（genetic algorithm，GA）、进化计算、模拟退火（simulated annealing，SA）算法、禁忌搜索（tabu search，TS）算法、粒子群优化（particle swarm optimization，PSO）算法、蚁群算法、人工免疫算法及混合优化策略等。这些算法通过模拟或揭示某些自然现象或过程而得到发展，其思想和内容涉及数学、物理学、生物进化、人工智能、神经科学和统计学等方面，为解决复杂问题提供了新的方法和手段。这些新型算法往往可以摆脱传统优化算法的局限性，运用启发式的寻优策略探求问题的最优解，目前已经得到大量实际应用，并取得了令人满意的结果。随着多学科交叉研究的发展，新型的智能优化算法也不断出现，为优化问题提供了新的解决方案。

近几年来，进化算法（evolutionary algorithms，EA）作为求解多目标优化问题的新方法受到了广泛关注，涌现出很多基于进化的多目标优化算法，其中一些已经被成功地应用到工程实践中，从而形成了新的研究热点。在研究多目标优化问题时，目标之间存在相互冲突的关系，因此，不存在能够同时优化每个目标的单一解决方案，但是可以寻求一组 Pareto（帕累托）解决方案。1989 年，Goldberg[3] 提出了将经济学中的 Pareto 理论与进化算法结合求解多目标优化问题的新思路，这对后续进化多目标优化算法的研究具有重要的指导意义。

综上所述，从理论和应用两方面来看，开展对多目标进化算法的研究，不仅具有重要的学术意义，而且具有广阔的应用空间，将会带来较大的经济效益和社会效益。

1.2　最优化问题

最优化是一门应用性强、内容丰富的学科，它主要讨论决策问题的最佳选择，构造寻求最佳解的计算方法。作为一个重要的科学分支，最优化一直受到人们的广泛关注，并在诸多工程领域[如系统控制、人工智能、模式识别、生产调度、超大规模集成电路（VLSI）技术和计算机工程等[4]]得到迅速推广和应用。例如，工程设计中设计参数的选择、生产管理中资源的分配、生产计划中工序的排序等方面，这些问题在某种程度上都可以被称为最优化问题。最优化问题可分为函数优化问题和组合优化问题两大类。其中，函数优化的对象是一定区间内的连续变量，组合优化的对象是解空间中的离散状态。

1.2.1　函数优化问题

从数学意义上来说，函数优化问题是指在一组约束为等式或不等式的条件下，使系统的目标函数达到极值，即最大值或最小值。从经济意义上来说，函数优化问题是在一定的人力、物力和财力资源条件下，使经济效果（如产值、利润等）达到最大，或者在完成规定的生产或经济任务下使投入的人力、物力和财力等资源最少。一般来说，函数优化问题的数学模型可描述为

$$\min f(x)$$
$$\text{s.t.} \begin{cases} g_i(x) \leqslant 0, \ i=1, 2, \cdots, p \\ h_j(x) = 0, \ j=1, 2, \cdots, q \end{cases} \tag{1.1}$$

式中，$x=(x_1, x_2, \cdots, x_n)$中的所有变量都被称为决策变量；$f(x)$称为目标函数值；$g_i(x)(i=1, 2, \cdots, p)$为第 i 个不等式约束，p 为不等式约束的个数；$h_j(x)$ $(j=1, 2, \cdots, q)$为第 j 个等式约束，q 为等式约束的个数。x 的取值范围叫作问题的定义域，记为 D。既在定义域 D 内又满足所有约束的 x 叫作可行解（feasible solution），所有的可行解组成的区域称为可行域 Ω。若 $f(x^*) = \min f(x)$，且 $x^* \in \Omega$，则 x^* 称为全局最优解（global optimal solution）。若在 x^* 的一个邻域 $\Delta \subset \Omega$ 内，有 $f(x^*) = \min f(x)$，则 x^* 称为局部最优解（local optimal solution）。若所有变量都是实数，则该问题为连续优化问题；若所有变量都是整数，则该问题为整数规划问题。特别地，若所有变量只有两种可能值，即 0 或 1，则该问题为 0—1 整数规划问题；若该问题中的部分变量为实数、部分变量为整数，则该问题为混合整数规划问题[1]。

1.2.2 组合优化问题

组合优化问题[3]通常可描述为：令 $\Omega = \{s_1, s_2, \cdots, s_n\}$ 为所有状态构成的解空间，$C(s_i)$ 为状态 s_i 对应的目标函数值，要求寻求最优解 s^*，使得 $\forall s_i \in \Omega$，$c(s^*) = \min C(s_i)$。组合优化往往涉及排序、分类、筛选等问题，是运筹学的一个重要分支。

典型的组合优化问题有旅行商问题（traveling salesman problem，TSP）、加工调度问题（processing scheduling problem，如 flowshop，jobshop）、0—1 背包问题（knapsack problem）、装箱问题（bin packing problem）、图着色问题（graph coloring problem）、聚类问题（clustering problem）等。这些问题具有很强大的工程背景，数学描述虽然简单，但最优化求解很困难，虽然很多组合优化问题可以转化为整数规划问题求解，但是求解整数规划同样是困难的，其主要原因是所谓"组合爆炸"[5]。因此，求解这些问题的关键在于寻求有效的优化算法，也正是问题的代表性和复杂性激起了人们对组合优化理论与算法的研究兴趣。

1.3 多目标优化问题

优化问题可根据目标数量分为单目标优化问题和多目标优化问题。单目标优化问题是通过比较目标值进行解的衡量，通常存在一个最优解。而多目标优化问题与之相比,具有多个相互影响的目标,不能通过比较一个目标值进行求解,不能同时优化每一个目标——当优化了一个目标后,可能待优化的其他目标会劣化,因此不存在单个的最优解。目标优化的目的就是尽可能地找到一定范围内的最佳状态,也就是要找到一组权衡的 Pareto 最优解。多目标优化问题属于多准则决策领域,它需要在两个及以上相互矛盾的目标中进行权衡,以做出最佳的决策[6]。多目标优化已经被广泛地用于众多科学领域和工程实践中,包括生产调度、计算机视觉、深度学习、工程设计、城市运输、资本预算和网络通信等诸多优化领域,几乎每个重要的现实生活中的决策问题都存在多目标优化问题。

多目标优化问题可以追溯到 1772 年,当时 Franklin 提出了多目标矛盾如何协调的问题,但是国际上一般认为最早是由法国经济学家 Pareto 在 1896 年提出的,他从政治经济学的角度,把很多难以比较的目标归纳成多目标优化问题。此后,很多学者进行了深入的研究,大量的研究成果涌现出来,从而使得多目标优化问题正式作为一个数学分支被人们系统地研究。

在 Pareto 体系下,不失一般性,一个具有 n 个决策变量、m 个目标函数的多目标优化问题可表达成如下形式:

$$\min y = F(x) = \{f_1(x), f_2(x), \cdots, f_m(x)\}$$

$$\text{s.t.} \begin{cases} g_i(x) \leq 0, \ i=1, 2, \cdots, p \\ h_j(x) = 0, \ j=1, 2, \cdots, q \end{cases} \quad (1.2)$$

式中,$x = (x_1, x_2, \cdots, x_n) \in X \in \mathbf{R}^n$ 称为决策变量,X 为 n 维决策空间,n 为决策变量的数量;$y = (y_1, y_2, \cdots, y_m) \in Y \in \mathbf{R}^m$ 称为目标函数,Y 为 m 维的目标函数;目标函数 $F(x)$ 定义了映射函数和同时需要优化的 m 个目标;$g_i(x) \leq 0$ $(i=1, 2, \cdots, p)$ 定义了 p 个不等式约束;$h_j(x) = 0 (j=1, 2, \cdots, q)$ 定义了 q 个等式约束。当目标函数的数量 $m \geq 4$ 时,此问题称为超多目标优化问题。在此基础上,以下介绍六个多目标优化问题的重要定义[6]。

定义 1.1　对于 $x \in X$,若 x 满足约束条件 $g_i(x) \leq 0 (i=1, 2, \cdots, p)$ 和 $h_j(x) = 0 (j=1, 2, \cdots, q)$,则 x 称为可行解。

定义 1.2　由 X 中所有的可行解组成的集合称为可行解集合,记为 $X_f (X_f \subseteq X)$。

定义 1.3　对于给定的两点 $x, x^* \in X_f$,x^* 是 Pareto 占优(非支配)的,当且仅当式(1.3)成立,记为 $x^* > x$。

$$f_i(x^*) \leqslant f_i(x), \quad i = 1, 2, \cdots, m$$
$$f_k(x^*) < f_k(x), \quad k = 1, 2, \cdots, n$$

(1.3)

定义 1.4　一个解 $x^* \in X_f$ 被称为 Pareto 最优解，当且仅当 $\neg \exists x \in X_f : x < x^*$ 成立。Pareto 最优解也称为非劣解或有效解。所有最优解组成的矢量集称为非支配解。

定义 1.5　所有 Pareto 最优解构成的集合称为 Pareto 最优解集 PS。$PS = \{x^* \mid \neg \exists x \in X_f : x < x^*\}$，$PS$ 中的最优解没有优劣排序。

定义 1.6　Pareto 最优解集 PS 中的解对应的目标函数值组成的集合 PF 称为 Pareto 前沿，$PF = \{F(x) = f_1(x), f_2(x), \cdots, f_p(x) \mid x \in PS\}$。

与单目标优化相比，多目标优化的复杂程度大大增加，它需要同时优化多个目标。这些目标往往是不可比较，甚至是相互冲突的，一个目标的改善有可能引起另一个目标性能的降低。多目标优化与单目标优化问题的本质区别在于，多目标优化问题的解不是唯一的，而是存在一个最优解集，该集合中的元素称为 Pareto 最优解或非支配解(non-dominated solution)。Pareto 最优解是指不存在比其中至少一个目标好而其他目标不劣的更好的解，也就是说，不可能通过优化其中部分目标而使其他目标不至劣化。Pareto 最优解集中的元素就所有目标而言是彼此不可比较的。由于多目标优化问题一般不存在单个最优解，因此，希望求出其 Pareto 最优解集，根据 Pareto 前沿的分布情况进行多目标决策。

1.4　进化算法

大自然是人类获得灵感的源泉，几百年来，将生物界所提供的答案应用于实际问题求解已被证明是一个成功的方法，并形成了仿生学。进化算法就是基于这种思想发展起来的一类随机搜索技术，它从一组随机生成的初始个体出发，经过选择、重组和变异等操作，使群体进化到搜索空间中越来越好的区域，最终找到最适用环境的个体(最优解)。目前研究的进化计算主要有四种典型的算法：遗传算法、进化策略(evolutionary strategy，ES)、进化规划(evolutionary programming，EP)和遗传规划(genetic programming，GP)[7]。

1.4.1 遗传算法

遗传算法是最早提出的进化算法，是由美国密西根(Michigan)大学的 John Holland 于 1975 年首次提出的，它是根据达尔文"优胜劣汰、适者生存"的进化理论形成的一种具有自适应能力、全局并行搜索、鲁棒性强的概率搜索算法。遗传算法的初始种群一般情况下采用随机数生成，种群中的每一个个体都代表一个解，而每个解都被称为一个染色体，然后对每个染色体进行编码，一般编码方式有二进制编码和浮点数编码。初始种群产生后，按照进化论的原理，根据适应度值的大小选出好的染色体，进行交叉、变异等操作，得到新的种群，这样后代的性状会优于前一代。按照此过程逐代演化，当迭代到一定次数时，最后迭代出的种群中的最优个体便是问题的近似最优解。

在自然进化的过程中，对环境适应能力强的个体将有更多的机会产生下一代，对环境适应能力弱的个体产生后代的机会相对较少。该算法的特点是处理的对象是参数的编码集而不是问题参数本身，搜索过程既不受优化函数联系性的约束，也不要求优化函数可导，具有较好的全局搜索能力；该算法的基本思想简单，运行方式和实现步骤规范，具有全局并行搜索、简单通用、鲁棒性强等优点；但其局部搜索能力差，容易出现早熟现象。目前，随着计算机技术的发展，遗传算法在机器学习、模式识别、优化控制、组合优化等领域得到了较好的应用[8]。遗传算法基本框架如图 1.1 所示，具体流程如下。

(1)选择编码方式，定义适应度函数。

(2)确定种群大小、选择方法、交叉方法、变异方法和各种参数。

(3)初始化规模为 N 的种群。

(4)运用适应度函数计算每个染色体的适应度值。

(5)进行选择、交叉、变异等操作，生成新的种群取代原有的种群。

(6)若完成一定迭代次数或群体性能满足某指标，则输出最优解；否则返回步骤(4)，重新计算新种群中每个染色体的适应度值。

遗传算法的操作算子包括选择、交叉、变异三种，是模拟自然选择和遗传过程中发生的繁殖、杂交和突变现象的主要载体[8]。

① 选择算子：根据规定的适应度按照一定的方法判断个体的优劣，选择其中的优质个体遗传到下一代。其基本思想是基于概率的选择，常见的方法有轮盘赌选择法、竞赛选择法[9]。轮盘赌选择法使每个个体都有被选择的机会，以

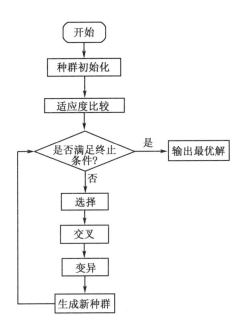

图 1.1 遗传算法基本框架

此来保证种群的多样性。而适应度大的个体被选择的概率就大，假设 $f_1, f_2, \cdots, f_n$ 为个体，适应度值属于 $\{1, 2, \cdots, n\}$ 集合，那么个体 i 的选择概率 P_i 定义为

$$P_i = \frac{f_i}{\sum\limits_{j=1}^{n} j} \tag{1.4}$$

② 交叉算子：交叉是选择种群中的两个个体对它们的染色体进行等位交换或异位交换，从而形成新的个体。常见的交叉算子有单点交叉、两点交叉、均匀交叉。单点交叉是选择两个个体作为交叉对象，在随机一个交叉位置互换染色体的基因编码；两点交叉是有两个交叉位置进行部分基因互换；均匀交叉又叫作一致交叉，是指两个个体上的基因以相同的概率进行互换，产生新的个体[10]。

③ 变异算子：变异操作是遗传算法中不可或缺的部分，它让遗传算法具备了局部搜索能力，同时增加了种群的多样性。变异是根据生物进化过程中的基因突变的理论，随机选择染色体某一基因，将其改变成其他基因。例如二进制编码方式的基因，其变异方式是 0 变成 1 或 1 变成 0。

1.4.2　进化策略

进化策略是德国学者 Rechenberg 和 Schwefel 提出的一种进化算法，是一种模仿生物进化的经典随机优化方法之一，与遗传算法不同的是进化策略采用实数值作为基因，并且其变异是通过在实数值上添加一个正态分布而进行的[11]。在进化策略中，可以将正态分布看作一种策略，它根据种群的适应度不断更新，并最终使个体趋于最优解，因此，进化策略中的个体是按照确定的策略进化的，而遗传算法和进化规划是以一种更为随机的方式进行的。

进化策略的操作算子包括选择、重组、变异三种，这里的重组算子与遗传算法中的交叉算子类似，二者都是利用两个父代个体的信息生成子代个体；不同的是，重组算子不会保留任意一个父代个体的信息，而是每个基因都发生结合。进化策略主要用于求解多峰非线性函数优化问题[12]。

1.4.3　进化规划

进化规划是 Fogel 等人在 20 世纪 70 年代首次提出的，是三种典型进化算法之一，主要的应用介于数值分析和人工智能之间。同其他进化算法相比，进化规划注重物种的进化过程，没有交叉或重组算子，变异是唯一的进化方法，操作简单；选择阶段常用 q 选择运算，着重于群体中个体的竞争选择；采用十进制编码，便于应用。进化规划具有以下特色：

（1）进化规划侧重于从种群的层面来考虑，因此在进化规划中只使用基于分布的变异操作；

（2）进化规划通过竞赛选择和进化策略中的最优策略选择子代个体[13]。

1.4.4　遗传规划

遗传规划的概念由 Koza 在 20 世纪 90 年代初提出，其特点是从求解问题的程序层面而非问题层面入手，目的是找到解决问题的程序而非问题的解。遗传规划是一类与问题领域无关的优化算法，其通过进化的方式得到一个求解问题的计算机程序。遗传规划中的解通常被表示为语法树的形式，树中的叶子节点表示问题的变量，其他节点表示特定的操作，通过一定的解码操作，即可将语法树转换为一个表达式或一段程序。树的结构灵活多变，其深度和广度均可调节，分支除了可以是表示操作的节点组成外，还可以是一个大型程序中的子程序，因此，理论上使用遗传规划可以产生求解任何问题的程序[14]。

近年来，对进化算法的研究有了很多新的发展。例如，针对大规模优化问题，提出了多智能体进化算法；针对多目标优化问题，提出了多目标进化算法；针对多任务优化问题，提出了多任务进化算法；在自动算法设计的研究方面，提出了超启发式算法；等等。

1.5　智能优化算法

智能优化算法是通过模拟某一自然现象或过程而建立起来的，具有适于高度并行、自组织、自学习与自适应等特征，为解决复杂问题提供了新的途径。这些算法包括模拟退火算法、禁忌搜索算法、人工免疫算法、粒子群优化算法、蚁群算法等。随着多学科交叉研究的发展，新型的智能优化算法为优化问题提供了新的解决方案，受到来自不同领域的研究专家及技术人员的广泛关注，得到了迅速发展，并在包括求解复杂优化问题、智能控制、模式识别、网络安全、生产调度等方面取得了令人瞩目的成绩。

1.5.1　模拟退火算法

模拟退火算法最早是由 Metropolis 等人[15]于 1953 年提出的；1983 年，Kirkpatrick 等人[16]成功地将退火思想引入组合优化领域，提出了一种用于求解大规模组合优化问题的有效算法。该算法的原理受到固体退火降温过程的启发：固体加热时，内能变大，转化为粒子的动能，使粒子运动速度加快，呈无序运动；固体降温后，内能减小，粒子运动速度降低，粒子找到内能局部最小的位置，慢慢达到平衡有序的状态。模拟退火的思想就是给定一个初始解，随着温度不断下降，结合概率突跳特性，在解的空间内用 Metropolis 抽样准则，随机产生一个新的解，并与初始解进行比较，选择更优质的解，最终逐渐收敛，趋于全局最优解。其中，算法解的质量好坏与温度冷却速度有关：若温度下降速度较慢，算法获得最优解的可能性就较高，算法运行时间增加；反之，温度下降速度过快，解的质量下降。模拟退火算法具有全局寻优能力、鲁棒性强等特点。

1.5.1.1　Metropolis 准则

1953 年，Metropolis 等人提出了重要的采样法——当温度降低时，以概率 P

接受新解，按照一定的退火方案逐渐降低控制温度，直到结束准则。

$$P(X_0 \to X_1) = \begin{cases} 1, & F(X_1) \leqslant F(X_0) \\ \exp^{\frac{-|\Delta F|}{T_n}} > \text{rand}[0, 1], & F(X_1) > F(X_0) \end{cases} \quad (1.5)$$

式中，$F(X)$ 为目标函数；ΔF 为目标函数值的差值；T_n 为温度系数；$\text{rand}[0, 1]$ 为在 0 到 1 之间的随机数。

1.5.1.2　模拟退火算法基本框架

模拟退火算法基本框架如图 1.2 所示[17]，具体流程如下。

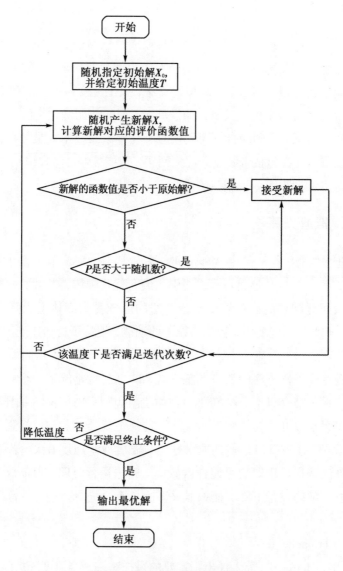

图 1.2　模拟退火算法基本框架

（1）初始化：随机指定初始解 X_0 作为当前解，并给定充分高的初始温度 T_0 及相当于基态的终止温度 T_f，设置每个温度 T 下的迭代次数。

（2）控制温度参数使 X_0 移动，在解的空间内随机产生一个新解 X_1，计算新解 X_1 对应的目标函数值。

（3）$F(X)$ 为评价函数，求目标函数值的差值，即 $\Delta F = F(X_0) - F(X_1)$。若差值小于 0，则接受新解 X_1；否则，以概率 P 接受新解。

（4）判断该温度下是否达到迭代次数：若达到，则往下进行降温；若未达到，则返回步骤（2）。

（5）若满足终止条件，则输出当前解；否则，进行再一次降温，返回步骤（2）。

1.5.2　禁忌搜索算法

禁忌搜索算法最早由 Glover 提出，它是局部领域搜索的一种扩展，是一种全局逐步寻优的算法，一般用于解决组合性的离散优化问题。该算法的基本思想是基于对人类搜索记忆和特征识别功能的模仿，随机产生一个初始解作为算法的当前解，在当前解的邻域内确定若干候选解。若某个候选解对应的目标值满足貌视准则，则用它替换当前解，同时将它加入禁忌表并更新禁忌表；否则，判断候选解的禁忌属性，选择候选解中的非禁忌对象对应的最佳状态作为新的当前解，同样将其相应的对象加入禁忌表。该算法借助于禁忌表可以有效地避免搜索过程中出现多个循环，同时通过设置一个可以赦免禁忌搜索区域优良信息解的特赦准则来有效地保证其在一次搜索处理过程中的信息多样性，将一个禁忌搜索表与一种特赦准则相互作用结合在一起，从而能够达到一种全局性搜索的优化处理目的[18]。

禁忌搜索算法通过引入灵活的存储结构和相应的禁忌准则来避免迂回搜索，并通过貌视准则来赦免一些被禁忌的优良状态，进而保证多样性的有效搜索，以最终实现全局优化。禁忌搜索算法在组合优化、生产调度、机器学习等诸多领域得到了成功的应用。

1.5.2.1　禁忌搜索算法策略

（1）邻域移动：从当前解转变为另一个解，从而改变目标函数值的过程。它有助于算法快速搜索并找到更优解。进行邻域移动后，将幅值变为移动值。若移动值为正值，则认为此次移动为有效改进移动；若移动值为负值，则认为此次移动为非改进移动。并不是所有的非改进移动都被舍弃，非改进移动可以使算法跳出局部循环[19]。

（2）禁忌表：防止计算时陷入局部最优。禁忌表长度的选取决定着算法的计算速度和解的质量。若禁忌表长度设置过小，则搜索时易陷入局部最优；若禁忌表长度设置过大，则限制了搜索区域的扩大速度，从而降低了计算速度，增加计算所需时间，也有可能忽视了更优解的出现。

（3）选择策略：根据一定的条件从当前解的邻域移动集中选出一个邻域移动，从而得到更优解的策略。合适的选择策略能够在保障解具备优秀质量的前提下提高算法计算速度。

（4）特赦/藐视准则：如果在按照选择策略进行选择后，所选的邻域移动为禁忌表中的禁忌移动，但其能够对当前解进行有效改进，或者进一步扩大搜索范围，那么应该对此禁忌移动进行破禁，即允许该移动不受禁忌表的限制而进行移动。该准则有效避免了遗失优良解，激励了对优良解的局部搜索，进而实现算法的全局优化。

（5）终止规则：到达设定的最大迭代数值或局部到达最优时算法终止。

（6）长期禁忌表：短期禁忌表无法引导算法进入优良解的范围进行搜索，长期禁忌表可以发现更多的区域，增大全局的多样化。

1.5.2.2　禁忌搜索算法基本框架

禁书搜索算法基本框架如图 1.3 所示，具体流程如下。

（1）初始化：在解集内随机生成一个初始可行解 X_0；设置参数，确定目标函数值；令禁忌表为空。

（2）进行计算，判断是否满足终止规则：若满足，则输出结果；若不满足，则随机生成邻域解。

（3）选择优质领域解为候选解，并判断其是否满足禁忌条件：若满足，则判断候选解是否属于禁忌表；若不满足，则将非禁忌对象对应的最优解作为当前解，并列入禁忌表中。

（4）更新禁忌表后，回到步骤（2），判断是否满足终止规则[20]。

禁忌搜索算法通过引入灵活的存储结构和相应的禁忌准则来避免迂回搜索，并通过藐视准则来赦免一些被禁忌的优良状态，进而保证多样性的有效搜索，以最终实现全局优化。禁忌搜索算法在组合优化、生产调度、机器学习等诸多领域得到了成功的应用。

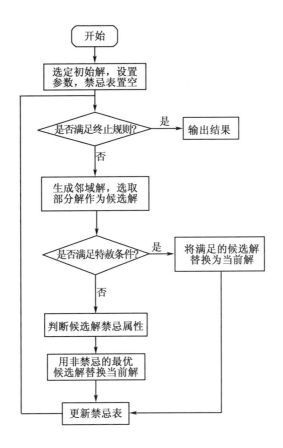

图 1.3 禁忌搜索算法基本框架

1.5.3 人工免疫算法

生物体是一个复杂的大系统，生物免疫系统是生物体赖以生存的基本保障。生物免疫系统是自然进化演变的结果，是一个具有高度并行处理能力的分布式、自适应和自组织的系统；可以保护人体不受外部病原体侵害；不依靠任何中心控制，具有分布式任务处理能力，具有在局部采取行动的智能；通过起交流作用的化学信息构成网络，进而形成全局概念。目前，计算机工作者已从生物免疫系统中获得了一些重要的启示和借鉴，并且将其应用于解决计算机工程应用中的一些用一般方法难以解决的复杂问题。

人工免疫系统(artificial immune system，AIS)是人工智能领域的最新研究成果之一，是模仿生物免疫系统功能的一种智能方法。通过利用生物免疫系统的工作原理，将生物免疫学的相关原理和概念与计算机科学相结合，提出了人工免疫算法（artificial immune algorithm，AIA）。与进化算法相比，人工免疫算法已经表现出很多优异的特性，能够较好地保持种群的多样性，有效克服早熟等问题，特别适合于解决具有鲁棒性、自适应性和动态性要求的实际工程应用问题[21]。

1.5.3.1 人工免疫算法原理

人工免疫算法中，待优化问题对应生物免疫系统中的抗原，待优化问题的可行解对应的是抗体，对解的适应度评估为生物免疫系统中的亲和度。这里的亲和度是指抗原与抗体之间的结合强度，亲和度越高，抗体对抗抗原的能力越强。人工免疫算法强调群体中个体间的信息交换，采用群体搜索策略，还经过一定的循环过程，随机生成初始抗体，计算每个抗体与抗原之间的亲和度和抗体相互之间的相似度，用亲和度最高的抗体替换亲和度最低的抗体，然后克隆扩增亲和度高的抗体，抑制相似度高的抗体，迭代一定次数后可得到待优化问题的最优解。鉴于其强大的信息处理和问题求解能力，人工免疫算法已成为继遗传算法和人工神经网络之后新的研究热点。许多学者在实际应用中选取免疫系统的部分机制进行建模与算法的设计，取得了较好的效果。免疫系统的相关机制具体如下[22]。

(1)免疫识别：保证免疫系统正常工作的重要前提。当抗原入侵时，系统通过免疫识别分析不同免疫细胞对抗原的亲和度，对识别功能进行研究，选出更具有针对性的方法计算亲和度，满足信息识别的特异性要求。免疫识别机制对异常检测和故障分析具有重要意义。

(2)免疫应答：免疫细胞对抗原分子的识别、活化、分化及产生免疫效应的全过程。免疫应答由抗原引发，多种细胞共同参与。免疫应答存在两种类型：其一为正向免疫应答，即对非己抗原产生的正常排异反应；其二为负向免疫应答，即机体对自身包含成分的宽容状态。通过免疫应答识别抗原，可以将优秀个体进行保留。免疫应答可以应用到机器学习相关领域。

(3)免疫耐受：免疫活性细胞遇到抗原时展现出的一种特异性的无应答状态。在正常情况下，机体对自身抗原耐受；如果自身免疫耐受被破坏，就会出现自身免疫病。

(4)免疫记忆：当抗体接触某个抗原后，再次接触相同抗体时，免疫应答时间将明显缩短，抗体含量激增，维持时间增加，即抗原再次入侵后，产生效果更强、亲和度更高抗体的现象称为免疫记忆。在信息处理方面，利用免疫记忆机制能够快速适应环境的变化，提高计算效率。

（5）免疫网络：免疫细胞之间是相互关联的，并非独立存在，因此，在一定
交互基础上会建立免疫网络。免疫网络的结构随着个体细胞的识别会产生变
化，这种变化在正向情况下会促进细胞增殖与激活，但是有时也会存在相关的
网络抑制。免疫网络可以应用在数据聚类相关领域，为问题求解提供支持。在
实际应用中，可以将多目标优化问题的基本元素映射到生物免疫系统中。例
如，将待优化问题看作抗原，优化问题的可行解看作抗体等，通过免疫机制达
到算法的计算效果[23]。

1.5.3.2　人工免疫算法基本框架

人工免疫算法大多将 T 细胞、B 细胞、抗体等功能相结合，统一抽象出检
测器概念，主要模拟生物免疫系统中有关抗原处理的核心思想。在工程应用
中，一般人工免疫算法基本框架如图 1.4 所示，具体流程如下[24-25]。

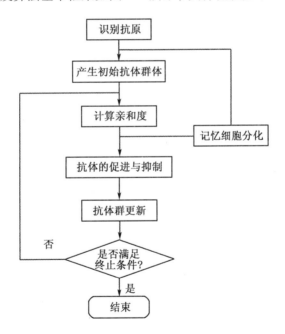

图 1.4　基本人工免疫算法基本框架

（1）识别抗原：将需要解决的问题抽象成符合免疫系统处理的抗原形式，
抗原识别对应问题的求解。

（2）产生初始抗体群体：将抗体的群体定义为问题的解，抗体与抗原之间
的亲和度对应问题解的评估，亲和度越高，说明解越好。

（3）计算亲和度：计算抗体与抗原之间的亲和度。

（4）记忆细胞分化：与抗原有最大亲和度的抗体作为记忆细胞，由于记忆细胞数目有限，新产生的与抗原具有更高亲和度的抗体替换较低亲和度的抗体。

（5）抗体的促进与抑制：计算当前抗体的亲和度，高亲和度抗体受到促进，高密度抗体受到抑制。

（6）抗体群更新：用记忆细胞中适应度值高的个体代替抗体群中适应度值低的个体，形成下一代抗体群。

（7）终止：一旦算法满足终止条件，则结束算法；否则返回步骤（3），重新开始。

1.5.3.3 人工免疫算法特点

人工免疫算法是受免疫学启发，通过模拟生物免疫系统功能和原理的方式解决复杂问题的自适应智能系统。它保留了生物免疫系统所具有的特点，具体如下[26]。

（1）全局搜索能力。生物免疫系统运用多种免疫调节机制产生多样性抗体以识别、匹配并最终消灭外界抗原。免疫应答中的抗体更新过程是一个全局搜索的进化过程。模仿免疫应答过程提出的人工免疫算法同样是一个具有全局搜索能力的优化算法。该算法在对优质抗体邻域进行局部搜索的同时，利用变异算子和种群刷新算子以不断产生新个体，探索可行解区间的新区域，保证算法在完整的可行解区间进行搜索，具有全局收敛性能[27]。

（2）多样性保持机制。生物免疫系统需要以有限的资源识别和匹配远远多于内部蛋白质种类的外部抗原，有效的多样性个体产生机制是实现这种强大识别能力的关键。人工免疫算法借鉴了生物免疫系统的多样性保持机制，对抗体进行浓度计算，并将浓度计算的结果作为评价抗体个体优劣的一个重要因素，使浓度高的抗体被抑制，保证抗体种群具有很好的多样性，这也是保证算法全局收敛性能的一个重要原因。

（3）鲁棒性强。生物免疫系统在任何时候都能够对多种类的外界抗原获得很好的识别性能。基于生物免疫机理的人工免疫算法同样不针对特定问题，而且不强调算法参数设置和初始解的质量，利用其启发式的智能搜索机制，即使起步于劣质解种群，最终也可以搜索到问题的全局最优解，对问题和初始解的依赖性不强，具有很强的适应性和鲁棒性。

(4)并行分布式搜索机制。外界抗原的分布性决定了生物免疫系统必须分布在机体的各个部分,而且免疫应答过程中不存在集中控制,系统具有分布式和自适应的特性。类似地,人工免疫算法也不需要集中控制,可以实现并行处理。而且,人工免疫算法的优化进程是一种多进程的并行优化,在探求问题最优解的同时可以得到问题的多个次优解,即除找到问题的最佳解决方案外,还会得到若干较好的备选方案,所以该算法尤其适合解决多模态的优化问题[28]。

1.5.4 粒子群优化算法

粒子群优化算法是由 Kennedy 和 Eberhart[29]于 1995 年提出的一种智能优化算法,是基于鸟群搜索食物过程的随机性元启发式算法。将鸟当作既无质量又无体积的粒子,其速度表示粒子在空间搜索最优解的移动步长,其位置表示粒子在解空间中所搜索到的当前解,每一个粒子在搜索最优解时与其他粒子进行信息交流,能够快速接近最优解。粒子群优化算法一般会在搜索空间内随机初始化若干粒子及粒子搜索速度,之后根据粒子自身历史经验的最优位置(个体极值)、粒子当前的位置、所有粒子中的全局最优位置(全局极值)、粒子自身环境所产生的不确定扰动进行迭代。粒子跟随个体极值和全局极值改变自身的搜索速度和方向,进而改变位置。

1.5.4.1 粒子群优化算法原理

粒子群优化算法与其他进化算法相似,也是根据对环境的适应度将群体中的个体移动到好的区域;但是与其他进化算法不同的是,它不对个体使用进化算子,而将每个个体看作搜索空间中的一个没有体积、没有质量的粒子,在搜索空间中以一定的速度飞行,并根据对个体和集体的飞行经验的综合分析动态调整这个速度[30]。粒子群优化算法的数学表达式为

$$v_{ij}(t+1) = v_{ij}(t) + c_1 r_1 (p_{ij}(t) - x_{ij}(t)) + c_2 r_2 (p_{gj}(t) - x_{ij}(t))$$
$$x_{ij}(t+1) = x_{ij}(t) + v_{ij}(t+1)$$

(1.6)

式中,t 为迭代次数;$p_{ij}(t)$ 为个体极值;$p_{gj}(t)$ 为全局极值;c_1,c_2 为加速常数;r_1,r_2 为在 $[0,1]$ 的随机数。

1.5.4.2 粒子群优化算法基本框架

粒子群优化算法基本框架如图 1.5 所示,具体流程如下[31]。

(1)初始化:设置粒子群总数、加速常数、最大迭代次数,给每个粒子赋予随机的初始位置及速度等。

（2）根据适应度函数计算每个粒子的适应度值。

（3）将当前粒子的适应度值与历史最优的适应度值进行比较。若当前粒子的适应度值更优，则用当前粒子替代历史最优。

（4）将当前粒子的适应度值与全局最优的适应度值进行比较。若当前粒子的适应度值更优，则用当前粒子替代全局最优。

（5）根据粒子群优化算法的数学表达式更新粒子的速度和位置。

（6）判断是否达到规定的迭代次数：若是，则输出全局极值；否则，返回步骤（3）。

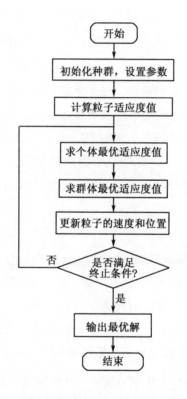

图 1.5　粒子群优化算法基本框架

粒子群优化算法具有算法参数少且易于控制等特点，并具有一定的实用性，因此，它受到了国内外研究者越来越多的关注。对粒子群优化算法的改进和应用一直是人们关注的焦点。

1.5.5　蚁群算法

蚁群算法是由意大利学者 Dorigo[32] 于 1991 年提出的一种新型仿生优化算法。该算法是基于自然界中蚂蚁寻找食物的行为而提出的。蚂蚁虽然没有视觉，但在觅食过程中，它会在经过的地方留下一种信息素，在搜寻最短路径的过程中，蚂蚁走过的路径越短，残留在该路径上的信息素就会越多，其他蚂蚁选择该路径的概率就越大；相反，蚂蚁走过的路径越长，消耗的时间也越长，挥发的信息素就越多，残留的信息素浓度就越低。后来者大概率会选择信息素浓度高的短路径，所有蚂蚁走过的路径中的最短路径就是蚁群算法所求问题的最优解。

1.5.5.1　蚁群算法原理

在蚁群算法中，一个有限规模的蚁群相互协作地搜索用于解决优化问题的较优解。每只蚂蚁根据问题所给出的准则，从被选的初始状态出发，建立一个可行解或解的一个组成部分。在建立自己的解决方案中，每只蚂蚁都搜集关于问题特征(如旅行商问题中路径的长度)和其自身行为的信息；并且正如其他蚂蚁所经历的那样，每只蚂蚁都使用这些信息修改问题的表现形式[33]。蚂蚁既能共同行动，又能独立工作，显示出了一种相互协作的行为。它们不使用直接通信，而是用信息素指引着彼此间的信息交换。蚂蚁使用一种结构上的贪婪启发法搜索可行解，根据问题的约束条件列出了一个解，作为经过问题状态的最小代价，如最短路径。每只蚂蚁都能够找出一个解，但很可能是较差解。蚁群中的个体同时建立了很多不同的解决方案，找出高质量的解是群体中所有个体之间全局相互协作的结果[34]。在蚁群算法中，以下四个部分对蚂蚁的搜索行为起到了决定性的作用[17]。

(1)局部搜索策略。在搜索过程中，每只蚂蚁都应用随机的局部搜索策略选择移动方向。这个策略基于以下两点：①蚂蚁的内部状态或记忆等私有信息；②公开可用的信息素轨迹和具体问题的局部信息。

(2)蚂蚁的内部状态。蚂蚁的内部状态存储了关于蚂蚁过去的信息。内部状态可以携带有用的信息，用于计算所生成方案的价值与优劣度或每个执行步骤的贡献。而且，它为控制解决方案的可行性奠定了基础。

(3)信息素轨迹。局部的、公共的信息既包含了一些具体问题的启发信息，又包含了所有蚂蚁从搜索过程的初始阶段就开始积累的知识。这些知识通过编码以信息素轨迹的形式进行表达。蚂蚁逐步建立了时间全局性的激素信息。这种共享的、局部的、长期的记忆信息能够影响蚂蚁的决策。蚂蚁何时向环境中释放信息素和释放多少信息素，应由问题的特征和实施方法的设计来决定。蚂蚁可以在建立解决方案的同时释放信息素，也可以在建立了一个方案后，返回所有经过的状态，还可以两种方法一起使用。

（4）蚂蚁决策表。它由信息素函数与启发信息函数共同决定，也就是说，蚂蚁决策表是一种概率表。蚂蚁使用这个表指导其搜索朝着搜索空间中最有吸引力的区域移动。利用移动选择决定策略中基于概率的部分和信息素挥发机制，避免了所有蚂蚁迅速地趋向于搜索空间的同一部分。当然，探寻状态空间中的新节点与利用所积累的信息，二者之间的平衡是由策略中随机程度和信息素轨迹更新的强度所决定的。

1.5.5.2　蚁群算法基本框架

蚁群算法是受自然界中真实蚁群的集体觅食行为的启发而发展起来的模拟进化算法，属于随机搜索算法[35]。蚁群算法基本框架如图 1.6 所示，具体流程如下。

（1）初始化：设定信息素模型中的信息素参数，即信息启发式因子 α、期望启发因子 β、信息启发系数 ρ、初始信息素浓度 $\tau_{ij}(0)=A$、蚂蚁总数 m，规定最大迭代次数，初始迭代次数为 0。

（2）迭代次数加 1。

（3）从第 1 只蚂蚁开始循环。

（4）禁忌表用来记录蚂蚁走过的路径。根据留下的信息素浓度计算概率，并选择下一个路径，更新禁忌表。

（5）判断第 k 只蚂蚁是否大于蚂蚁总数 m：若大于，则进行信息量更新；否则，返回步骤（3）。

（6）判断是否满足终止条件：若满足，则输出最优解；否则，返回步骤（2）。

蚁群的觅食行为实际上是一种分布式协同优化机制，个体间通过改变环境、感知环境的变化进行协同寻优。蚁群优化算法具有较强的自组织性、全局性、并行性等特点，已经被应用到多个优化领域，如集成化工艺规划与调度（integrated process planning and scheduling）、非线性 PID 参数优化（nonlinear PID parameter optimization）、集合覆盖问题（set covering problem）和双目标最短路径问题（dual objective shortest path problem）。

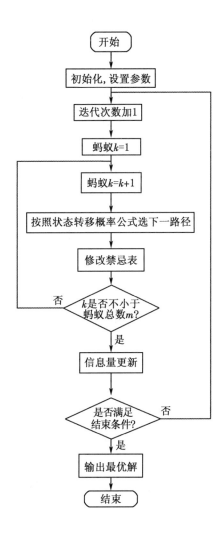

图 1.6 蚁群算法基本框架

1.5.6 人工蜂群算法

在自然界中，蜜蜂是群居昆虫，虽然蜜蜂的个体行为简单，但是整个蜂群却能表现出非常复杂的群体行为。蜂群有着极强的适应能力，能够在复杂多变的环境下，通过群体间的信息共享，以极高的效率完成食物的采集，从而实现蜂群食物收益的最大化。2005 年，Karaboga[36]通过对蜜蜂采蜜这一高效的群体性生物行为进行仿生，提出了人工蜂群(artificial bee colony，ABC)算法。该算法具有原理简单、易实现、控制参数少、收敛速度快等特点，能够解决诸多复杂优化问题，优化性能较高、发展潜力较大，已成为解决全局和局部优化问题的潜在工具[37]。

1.5.6.1 人工蜂群算法原理

自然界中蜜蜂的行为具有智能性，且模式多种多样，如巢内任务分工、交配、导航、巢址选择、觅食等[38]。蜜蜂个体间通过自组织方式进行分工，各司其职，最终完成觅食任务。整个蜜蜂群体中的蜜蜂分为三类：雇佣蜂、跟随蜂和侦察蜂。雇佣蜂和跟随蜂的主要任务是开采食物源，其数量等于食物源数量，各占蜂群总数的一半；侦察蜂主要进行随机搜索。在求解函数最优化问题的过程中，食物源的位置代表最优化问题的可行解，食物源数量的大小代表目标函数的适应度值，蜜蜂个体寻找最优食物源的过程就是函数最优化问题的求解过程。人工蜂群算法就是对蜂群和食物源初始化后，反复执行雇佣蜂、跟随蜂、侦察蜂阶段，以寻找问题的最优解[39]。

（1）雇佣蜂阶段。在搜索空间中，雇佣蜂以给定的搜索方程搜索，主要负责开采食物源。雇佣蜂存储食物源信息（如所含花蜜量的多少）并与跟随蜂分享。当雇佣蜂搜索到某一食物源后，计算其适应度值，并根据贪婪选择策略决定是否对当前食物源进行更新。该阶段更新食物源的数学表达式如下：

$$v_i^j = x_i^j + \varphi_1(x_i^j - x_k^j) \tag{1.7}$$

式中，v_i^j 为第 i 个可行解的第 j 维变量；x_i^j 为第 i 个解的第 j 维变量；x_k^j 为第 k 个解的第 j 维变量；φ_1 为邻域搜索系数，$\varphi_1 \in [-1, 1]$；$j \in \{1, 2, \cdots, D\}$，$i, k \in [1, 2, \cdots, SN]$，且 $i \neq k$（其中，D 为维数，SN 为种群规模）。

（2）跟随蜂阶段。跟随蜂在蜂房附近等待，根据雇佣蜂分享的信息按照给定方程进行搜索，以寻找较优的食物源。跟随蜂先按照式（1.8）和式（1.9）所示的轮盘赌选择法选择较好的食物源跟随，并采用式（1.1）进行搜索，从而产生候选食物源，再利用贪婪选择策略保留较优食物源[40]。其中，跟随蜂选择较优解的过程就是 ABC 算法的正反馈机制。

$$fitness_i = \begin{cases} \dfrac{1}{1+f_i}, & f_i \geqslant 0 \\ 1+|f_i|, & f_i < 0 \end{cases} \tag{1.8}$$

$$p_i = \dfrac{fitness_i}{\sum\limits_{i=1}^{N} fitness_i} \tag{1.9}$$

式（1.2）和式（1.3）中，f_i 为目标函数值；$fitness_i$ 为第 i 个食物源的适应度值；p_i 为第 i 只跟随蜂的跟随概率。

（3）侦察蜂阶段。若经过 $limit$（最大限制搜索次数）次迭代后，某处食物源仍未改善，则该位置的雇佣蜂转变为侦察蜂，并根据式（1.10）进行随机搜索，从而产生新的食物源代替当前食物源。

$$x_i^j = x_{min}^j + \varphi_2 \left(x_{max}^j - x_{min}^j \right) \tag{1.10}$$

式中，x_i^j 为第 i 个解的第 j 维变量；φ_2 为随机数，$\varphi_2 \in (0, 1)$；$j \in \{1, 2, \cdots, D\}$；$x_{min}^j$ 和 x_{max}^j 分别为第 j 维变量的最小值与最大值。

1.5.6.2　人工蜂群算法基本框架

人工蜂群算法基本框架如图 1.7 所示，具体流程如下[41]。

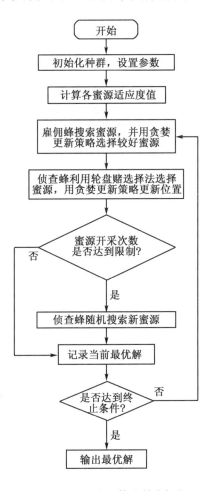

图 1.7　人工蜂群算法基本框架

（1）初始化种群规模、最大迭代次数、设置算法参数；

（2）计算个体适应度值；

（3）雇佣蜂搜索新蜜源，根据贪婪更新策略在新蜜源和旧蜜源中选择较好的一个；

（4）侦察蜂根据轮盘赌选择法选择搜索蜜源，计算更新位置后蜜源的适应度值，根据贪婪更新策略在新蜜源和旧蜜源中选择较好的一个；

（5）当寻找超过限制次数时也没有更好的蜜源，跟随蜂转为侦察蜂，并重新随机搜索，记录最好的食物源信息；

（6）判断是否满足循环终止条件，是则输出最优解，否则回到（3）。

1.6 本章小结

在现实生活中的工程和科学研究中，多目标优化问题由于自身的复杂性，难以获得最优解，已经成为学者研究的热点之一。本章主要介绍了多目标优化问题的理论基础和研究现状，分析了进化计算的原理和研究内容，介绍了目前主要的智能优化算法（如模拟退火算法、禁忌搜索算法、人工免疫算法、粒子群优化算法、蚁群算法和人工蜂群算法），为求解多目标优化问题提供了理论基础。

参考文献

［1］　王凌.智能优化算法及其应用［M］.北京：清华大学出版社，2001.

［2］　林锉云，董加礼.多目标优化的方法与理论［M］.长春：吉林教育出版社，1992.

［3］　GOLDBERG D E.Genetic algorithm in search, optimization, and machine learning［M］.Addison-Wesley pub.co.，1989：23-45.

［4］　解可新，韩立兴，林友联.最优化方法［M］.天津：天津大学出版社，1997.

［5］　袁亚湘，孙文瑜.最优化理论与方法［M］.北京：科学出版社，1997.

［6］　郑金华.多目标进化算法及其应用［M］.北京：科学出版社，2007.

［7］　吕帅，龚晓宇，张正昊，等.结合进化算法的深度强化学习方法研究综述［J］.计算机学报，2022，45（7）：1478-1499.

［8］ 季伟东.进化计算优化前向神经网络的学习方法研究［D］.哈尔滨：东北林业大学，2013.

［9］ MAYER M K.A network parallel genetic algorithm for the one machine sequencing problem［J］.Computers and mathematics with applications，1999，37（3）：71-78.

［10］ PARK C H，LEE W L，HAN W S，et al.Improved genetic algorithm for multidisciplinary optimization of composite laminates［J］.Computers & structures，2008，86（19/20）：1894-1903.

［11］ 公茂果，高原，王炯乾，等.基于进化策略的自适应联邦学习算法［J］.中国科学（信息科学），2023，53（3）：437-453.

［12］ 弭宝福.遗传算法进化策略的改进研究［D］.哈尔滨：东北农业大学，2014.

［13］ 时燕.进化规划算法的研究与改进［D］.济南：山东师范大学，2008.

［14］ 沈立华，周方俊，王悦民.基于进化规划算法的导波频散曲线计算［J］.无损检测，2019，41（4）：30-38.

［15］ METROPOLIS N，ROSENBLUTH A W，ROSENBLUTH M N，et al.Equation of state calculations by fast computing machines［J］.The journal of chemical physics，1953，21（6）：1087-1092.

［16］ KIRKPATRICK S，GELATT C D，VECCHI M P.Optimization by simulated annealing［J］.Science，1983，220（4598）：671-680.

［17］ 雷德明，严新平.多目标智能优化算法及其应用［M］.北京：科学出版社，2009.

［18］ 方倩倩.基于改进的禁忌搜索算法自动化立体库货位分配与优化研究［D］.长春：长春工业大学，2021.

［19］ 曹立斌，周建兰.一种改进的禁忌搜索法在函数优化问题中的应用［J］.微机发展，2003，13（A2）：39-42.

［20］ 邢文训，谢金星.现代优化计算方法［M］.北京：清华大学出版社，1999.

［21］ MULAY S R，DESAI J，KUMAR S V，et al.Towards a network theory of the immune system.［J］.Annales dimmunologie，1974，125C（1/2）：373-389.

［22］ FARMER J D，PACKARD N H，PERELSON A S.The immune system，

adaptation, and machine learning[J].Physica D: nonlinear phenomena, 1986, 22 (1/2/3): 187-204.

[23] 莫宏伟, 吕淑萍, 管凤旭, 等.基于人工免疫系统的数据挖掘技术原理与应用[J].计算机工程与应用, 2004(14): 28-33.

[24] 肖人彬, 曹鹏彬, 刘勇.工程免疫计算[M].北京: 科学出版社, 2007.

[25] CHUN J S, KIM M K, JUNG H K, et al.Shape optimization of electromagnetic devices using immune algorithm[J].IEEE transactions on magnetics, 1997, 33(2): 1876-1879.

[26] 马佳, 石刚.人工免疫算法理论及应用[M].沈阳: 东北大学出版社, 2014.

[27] 焦李成, 杜海峰, 刘芳, 等.免疫优化计算、学习与识别[M].北京: 科学出版社, 2006.

[28] 莫宏伟, 左兴权.人工免疫系统[M].北京: 科学出版社, 2009.

[29] KENNEDY J, EBERHART R.Particle swarm optimization[C]∥Proceedings of ICNN'95-International Conference on Neural Networks.IEEE, 1995(4): 1942-1948.

[30] 彭宇, 彭喜元, 刘兆庆.微粒群算法参数效能的统计分析[J].电子学报, 2004, 32(2): 209-213

[31] 何嘉威.粒子群优化算法改进及其在智能电网经济优化调度应用[D].南京: 南京邮电大学, 2022.

[32] DORIGO M, MANIEZZO V, COLORNI A.Ant system: optimization by a colony of cooperating agents[J].IEEE transactions on systems, man, and cybernetics, part B (cybernetics), 2002, 26(1): 29-41.

[33] 李士勇, 陈永强, 李研.蚁群算法及其应用[M].哈尔滨: 哈尔滨工业大学出版社, 2004.

[34] DORIGO M, GAMBARDELLA L M.Ant colony system: a cooperative learning approach to the traveling salesman problem[J].IEEE transactions on evolutionary computation, 1997, 1(1): 53-66.

[35] STUTZLE T, HOOS H.MAX-MIN ant system and local search for the traveling salesman problem[C]∥Proceedings of 1997 IEEE International Conference

on Evolutionary Computation（ICEC'97）.IEEE, 2002：309-314.

［36］ KARABOGA D.An idea based on honey bee swarm for numerical optimization［R］.Kayseri：Erciyes University, 2005.

［37］ KARABOGA D, BASTURK B.On the performance of artificial bee colony(ABC) algorithm［J］.Applied soft computing, 2008, 8(1)：687-697.

［38］ 王英聪, 刘军辉, 肖人彬.基于刺激-响应分工机制的人工蜂群算法［J］.控制与决策, 2022, 37(4)：881-891.

［39］ 陈兰.人工蜂群算法的改进及在机械优化设计中的应用［D］.兰州：甘肃农业大学, 2022.

［40］ CUI Y B, HU W, RAHMANI A.Improved artificial bee colony algorithm with dynamic population composition for optimization problems［J］.Nonlinear dynamics, 2022, 107(1)：743-760.

［41］ LUO J, WANG Q, XIAO X H.A modified artificial bee colony algorithm based on converge-onlookers approach for global optimization［J］.Applied mathematics and computation, 2013, 219(20)：10253-10262.

第2章 多目标进化算法研究基础

大多数工程和科学问题都存在多个目标优化的问题，这些目标之间彼此冲突，如何求解这类问题的最优解，一直是学术界和工程界关注的焦点问题。进化算法是一类模拟生物自然选择与自然进化的随机搜索算法，具有较好的通用性，为求解多目标优化问题开辟了一条新的途径。由此，针对多目标优化问题的特点，出现了多目标进化算法（multi-objective evolutionary algorithm，MOEA）[1]。目前，多目标进化算法已成为进化算法应用研究的热点之一，也涌现了大量的研究成果。

2.1 多目标进化算法研究现状

20 世纪 80 年代中期，进化算法作为求解多目标优化问题的新方法受到了广泛关注。1975 年 Holland 提出了遗传算法，1985 年 Schaffer[2] 提出了矢量评价遗传算法（vector evaluated genetic algorithm，VEGA），之后多目标进化算法的研究经过了如下三个阶段。

（1）起步阶段（1985—1998 年）。这一阶段是多目标进化算法研究的起步阶段，它仅包含一些非常初步的讨论和简单的尝试。1967 年，Rosenberg 建议采用基于进化搜索的方法解决多目标优化问题，但没有给出这项工作具体的实施方案。1985 年，Schaffer 提出矢量评价遗传算法，这是第一个基于进化算法解决多目标优化问题的开创性研究，它实现了多目标进化算法从无到有的转变。1989 年，Goldberg[3] 又提出在进化算法中结合经济学中的 Pareto 理论和小生境技术的新研究思路，为多目标进化算法提供了更多的理论支撑。在这一时期，研究者先后提出了一系列不同的多目标进化算法，如 Fonseca 和 Fleming 提出的 multi-objective genetic algorithm（MOGA）、Srinivas 等人[4] 和 Deb 等人[5] 提出的 non-dominated sorting genetic algorithm（NSGA）、Horn 等人[6] 提出的 niched Pareto genetic algorithm(NPGA)，这些算法习惯上被称为第一代多目标进化算法。第一代多目标进化算法的特点是采用基于 Pareto 等级的个体选择方法和基于适应度共享机制的种群多样性保持策略。

（2）全面发展阶段（1999—2003 年）。在这一阶段，以精英保留机制为特征的多目标进化算法相继被提出。这一阶段的研究者开始更加关心多目标优化问题结果的多样性，他们所提出的算法采用了能更好保持种群多样性的精英保留机制来控制优秀个体的去留。1999 年，Zitzler 和 Thiele[7] 提出了强度 Pareto 进化算法(strength Pareto evolutionary algorithm，SPEA)，该团队 3 年后又提出了 SPEA 的改进版本 SPEA2。2000—2001 年，Knowles 等人[8] 相继开发出了 Pareto 归档演化策略(Pareto archive evolution strategy，PAES)、基于 Pareto 闭包选择的演化算法 (Pareto envelope-based selection algorithm，PSEA)[9] 和其改进版本 PSEA-Ⅱ[10]。2001 年，Erickson 等人[11] 提出了基于 Pareto 关系和小生境技术的改进算法 NPGA2s。2002 年，Deb 等人通过对 NSGA 进行改进，提出了非支配排序算法的改进版本 NSGA Ⅱ算法。

（3）蓬勃发展阶段（2004 年至今）。从 2004 年至今，各领域的专家学者逐渐认识到多目标进化算法在处理复杂问题时的优越性，越来越多的研究者开始投身到相关的研究工作中，关于多目标进化算法的研究开始呈现出非常可观的多样性，各种新的概念、机制和策略开始被引入到 MOEA 中，以获得更高性能和更高效率的算法。例如，Coello Coello 等人[12-13]基于粒子群优化算法提出的 multi-objective pariticle swarm optimization(MOPSO)；Shang 和 Jiao 等人[14]基于免疫算法提出的 NNIA；Zhang 等人[15]基于分布估计算法提出的 RM-MEDA；Shang 等人[16]将传统的数学规划方法与进化算法结合起来提出基于分解的多目标进化算法(MOEA/D)；等等。同时，高维多目标优化问题(MOOP)、动态多目标优化问题(DMOP)[17]、多模态多目标优化问题和鲁棒多目标优化问题等的研究也取得了初步进展，MOEA 在许多领域的应用研究也取得了很大的进展。

2.2　多目标进化算法分类

早期的多目标进化算法有加权法和约束法两类。加权法通过对多个目标函数加权后求和，将多目标优化问题转化为单目标优化问题求解。约束法通过将一个目标函数作为优化目标、其他目标函数作为约束的方式，也将多目标优化问题转化为单目标优化问题进行求解。加权法和约束法这两种方法一次求解均只能得到 Pareto 解集中的一个解，求解效率较低且需要对权重参数不断调节才能得到满足不同偏好的解。

进化算法得益于种群的特性，一次求解可以得到一组解。因此，近年来对于求解多目标优化问题的研究大都集中在多目标进化算法。多目标进化算法的种类有很多，根据不同的需要有多种分类，按照进化机制可以分为三类：基于支配关系的 MOEA（domination-based MOEA）、基于指标的 MOEA（indicator-based MOEA）和基于分解的 MOEA（decomposition-based MOEA）[18]。

2.2.1 基于支配关系的 MOEA

基于支配关系的 MOEA 以 NSGA Ⅱ和 SPEA2 为代表，算法核心思想是根据解之间的 Pareto 支配关系对种群进行度量，并根据度量结果保留部分精英解并删除质量较差的解。它会设定不同指标的支配层级，然后按照支配层级的分层排序，对多目标的种群进行排序选择。当前的支配层级有三类：Pareto 层级、ε 层级和 Lorenz 层级。其中，Pareto 支配关系是应用最广泛的支配关系[18]。作为典型的基于支配关系的多目标进化算法，NSGA Ⅱ采用快速非支配性排序方法提高算法的运算速度，并使用了一种精英策略防止已经找到的好的解决方案的损失。NSGA Ⅱ的提出者 Deb[19]于 2013 年进一步对该算法提出了改进，开发了 NSGA Ⅲ算法。二者在总体流程上基本一致，而在种群排序的临界层上，NSGA Ⅲ采用均匀分布参考点的方法，获得比 NSGA Ⅱ更好的种群多样性[20]。Chen 等人[21]在 2021 年的研究中，为了解决进化算法的运行后期非支配解占比过高的问题，提出一种基于比例支配关系的多目标进化算法，细化了支配关系类型，优化了算法表现。

2.2.2 基于评价指标的 MOEA

基于评价指标的 MOEA 的基本思想是，在优化过程中利用性能指标指导种群的搜索。与采用了两种标准（Pareto 支配关系和密度估计）的基于 Pareto 支配的方法不同的是，该类算法仅采用了一个标量指标值优化进化种群的期望特性。其中，最具代表性的算法是由 Zitzler 和 Künzli[22]在 2004 年提出的 IBEA（indicator-based evolutionary algorithm）。近年来，多种新颖的评价指标，包括超体积、世代距离、反世代距离等被提出并应用于 IBEA。Tian 等人[23]提出将增强反世代距离作为第二准则，配合快速非支配排序完成精英解的筛选，同时利用该指标指导参考点集的自适应调整。2020 年，Sun 等人使用超体积与拥挤距离两个指标开发了一种多目标进化算法，在非凸优化问题上取得较好的稳定性与算法质量。尽管基于评价指标的多目标进化算法在求解目标函数较多的问题上取得了不错的效果，但是，由于每次迭代都涉及大量的性能指标计算，某些指标本身的计算开销较大，导致算法的运行时间过长，制约了其应用。因此，有学者提出一些对指标计算进行加速的方法。例如，Bader 等人提出使用蒙特卡罗方法精确逼近种群的超体积。该方法不仅提升了超体积指标的计算效率，而且使得基于超体积的多目标进化算法适用于求解目标数更多的优化问题。

2.2.3　基于分解的 MOEA

传统的数学规划方法一般将多目标优化问题转化为单目标优化问题进行求解，而基于问题分解的多目标进化算法正是受此启发提出的。这类算法利用一组均匀分布在目标空间内的权重向量将原始的多目标优化问题分解为一系列单目标子问题，然后并行求解这些子问题。2007 年，基于分解的多目标进化算法被首次提出[24]，该方法使用了基于分解的方法，将一个多目标优化问题分解成一系列标量化子问题进行求解。与传统分解方法不同的是，MOEA/D 并不需要分别地对每一个子问题进行求解，而是巧妙地采用了子问题之间存在的邻居关系，同时优化了所有的子问题。与同一时期的多目标进化算法相比，MOEA/D 具有迥异的特性，也正因此，它很快地引起了大量研究者的关注。这种基于问题分解的求解框架也催生了第三代非支配排序演化算法 NSGA Ⅲ，该算法同时使用了问题分解和参考点引导的技术来增强它处理超多目标优化问题的能力[25]。Li 等人在 2020 年提出了类似的动态权重方法，将权重的生成过程分为权重生成、添加、删除与调整阶段，使动态权重算法能够适应更广泛的不同 Pareto 前沿。由于 MOEA/D 中的生成算子、分解权重、邻居设置等模块都存在着很大的改进空间，因此，近年来基于差分进化、自适应权重、自适应替换策略等改进的 MOEA/D 也相继被提出[26]。

2.3 多目标进化算法原理

多目标优化指的是需要同时优化两个或多个决策目标时，对其中一个目标的优化可能带来其他一个或多个目标的劣化，因此，无法通过传统的单目标优化算法找出唯一最优解，而是需要通过多个目标间的协调与折中，最后求出一组在各个目标维度上各有优劣的最优解集。在多目标进化算法中，通常需要保持多个潜在解的同时搜索，即会同时存在多个决策向量。对于 N 个同时存在的决策向量，即存在两两成对的 $N(N-1)/2$ 组 Pareto 支配关系。在所有的 Pareto 支配关系中，如果决策向量 X_k 不被任何其他决策向量所支配，那么称为非支配解或 Pareto 最优解。所有的 Pareto 最优解共同构成 Pareto 最优解集。在各种优化问题中，Pareto 最优解集通常能够构成一条曲线，这条拟合出的曲线称为 Pareto 前沿[27]。Pareto 最优解集与 Pareto 前沿的关系如图 2.1 所示。

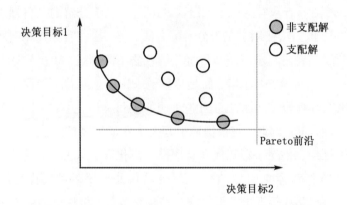

图 2.1 Pareto 最优解集与 Pareto 前沿的关系

多目标进化算法是通过逐步改善种群中的解来近似求出 Pareto 最优解集。因此，该算法中采用了自然进化过程的基本原理，其主要思想是通过改变和重组现有解来构建新的候选解，就如同自然界物种进化以适应环境。而种群中解性能的提高，关键在于环境的选择机制，也称为"精英保留机制"[28]。以下介绍三种设计多目标进化算法的重要原理。

2.3.1　适应度分配

大部分 MOEA 在某种意义上都是通过 Pareto 支配准则来设计适应度函数的。通过解之间的支配关系,适应度函数将种群中的解划分成若干个等级,如支配数、支配等级和强度等[12, 29]。此外,由于 Pareto 支配无法反映种群中解的多样性,密度信息也被认为是纳入适应度函数的辅助考虑因素。这样,种群在优化过程中将朝着最优方向进化,同时能保证种群中的解沿着 Pareto 前沿均匀地多样化。

2.3.2　精英主义

精英主义是一种旨在防止因为随机效应而丢失搜索过程中已找到的最佳解的机制。精英主义对当前 MOEA 起着重要作用,因为它与变异一起保证了全局收敛。在多目标优化中,精英主义的实施比在单目标优化中更为复杂。由于使用有限的内存资源进行计数,如果当前的非支配解数量超过了可计数的上限,那么必须丢弃一些好的解。因此,采用的精英策略决定了 MOEA 是否能够全局收敛。当前有两种常用的实施精英主义的方法:一种是将新老种群结合起来,然后使用确定性选择方案来保留下一代最佳解;另一种是维护一个名为"归档集"的外部解集,该归档集存储了在搜索过程中找到的非支配解。

2.3.3　密度估计

大部分 MOEA 在环境选择过程中都是依靠密度估计方法来保持种群的多样性的。通常情况下,某个非支配解周围分布的解的数量越多,该非支配解被选择的概率就越低。最初,Goldberg 提出了利用小生境技术估计种群中解的拥挤程度。而随着该领域的发展,大量的新的密度估计方法被提出,其中集群[7]、拥挤距离[19]、第 k 个最近距离[20]、网格拥挤程度等最具代表性。

2.4　多目标进化算法一般框架

多目标进化算法是以进化算法为基础的处理多目标优化问题的智能算法,目前很多学者都提出了不同的多目标进化算法,各算法原理不同,采用的求解方法和技术也有所差异，难以用一般框架进行描述。其中一类基于 Pareto 的多目标进化算法应用较广泛，其一般框架如图 2.2 所示。首先产生一个初始种群 P；其次选择某个进化算法（如遗传算法）对 P 执行进化操作（如交叉、变异和选择），得到新的进化群体 R；然后采用某种策略构造 $P\cup R$ 的非支配集 $NDSet$。一般情况下在设计算法时已设置了非支配集的大小（如 N），若当前非支配集 $NDSet$ 大于或小于 N，需要按照某种策略对 $NDSet$ 进行调整，调整时一方面使 $NDSet$ 满足大小要求，另一方面必须使 $NDSet$ 满足分布性要求。最后判断是否满足终止条件，若满足终止条件，则结束；否则，将 $NDSet$ 中个体复制到 P 中并继续下一轮进化。在设计 MOEA 时，一般用进化代数来控制算法的运行时间[30]。

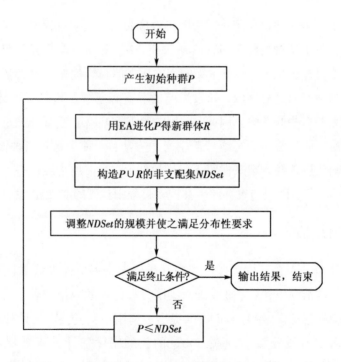

图 2.2　基于 Pareto 的多目标进化算法的一般框架

在 MOEA 中，保留上一代非支配集，并使之参与新一代的多目标进化操作是非常重要的，这类似于进化算法中保留上一代的最优个体，从而使新一代的非支配集不比上一代差，这也是算法收敛的必要条件。这样，一代一代进化下去，进化群体的非支配集不断地逼近真正的最优边界，最终得到满意的解集（不一定是最优解集）。

就一个具体的 MOEA 来说，如何选择构造非支配集的方法、采用什么样的策略来调整非支配集的大小、如何保持非支配集的分布性是决定一个 MOEA 性能的重要内容，这些内容也是当前 MOEA 研究的热点[30]。

2.5 多目标进化算法性能评价指标

对一个多目标进化算法的性能进行评价时，不仅需要有一套能够客观反映 MOEA 优劣的评价工具和方法，还需要选取一组比较有代表性的测试问题。对于 MOEA 评价主要考虑两个指标：一是 MOEA 的效果，另一个是 MOEA 的效率。MOEA 的效果主要指它所求得的 Pareto 最优解的质量，主要指 MOEA 的收敛效果和分布效果；MOEA 的效率主要指它在求取一个多目标优化问题的 Pareto 最优解集时所需 CPU 时间，以及它所占用的空间资源[30]。

对于 MOEA，其优化结果的比较不能单纯地比较解的适应度值，优化多目标优化问题的挑战是找到能够在目标函数之间进行权衡并尽可能接近 Pareto 前沿的解集[31]。因此，一般需要利用一种确定性指标比较算法所获得的种群的性能，该指标可以将一组解映射成一个标量用于算法之间的比较。当前，已经存在各种相关指标，根据这些指标的功能，大致可以将它们归纳为三类：收敛性指标、多样性指标和综合性指标。收敛性指标用于评估种群的收敛程度，如世代距离（generational distance）指标、ε+指标[32]；多样性指标用于评估种群的分布情况，如扩散性（spread）指标[33]、广义扩散性（generalized spread）指标[34]；综合性指标能够同时反映种群的收敛性和多样性，如反转世代距离（inverted generational distance，IGD）指标[35]、超体积（hypervolume，HV）指标[36]。目前，多目标演化算法领域一般都希望综合考量算法的收敛性和多样性，所以在现行的研究中使用最多的是第三类指标。本书主要介绍四种常用的评价算法性能的指标。

2.5.1 世代距离

在理想情况下，多目标进化算法的求解过程是一个不断逼近最优 Pareto 前沿，最终达到最优 Pareto 前沿的过程。但是在实际应用中，多目标进化算法很难找到最优 Pareto 前沿，因此，要尽可能地寻找已知的 Pareto 前沿（PF_{known}）不断逼近最优 Pareto 前沿（PF_{true}）。世代距离[37]用于评价所得的 Pareto 前沿与最优 Pareto 前沿间隔的距离，其计算公式如下：

$$GD = \left(\frac{1}{n_{PF}} \sum_{i=1}^{n_{PF}} d_i^2 \right)^{\frac{1}{2}} \quad (2.1)$$

式中，n_{PF} 为 PF_{known} 中解的个数；d_i 为目标空间上的第 i 个解与 PF_{true} 中最近解之间的欧氏距离。其具体的计算方式举例如下。

假如需要优化的问题是 2 个目标问题，设 PF_{true} 空间中有 3 个解向量 (a, b)，(c, d)，(e, f)，PF_{known} 空间中也有 3 个解向量 (a^*, b^*)，(c^*, d^*)，(e^*, f^*)，并且假设与 (a^*, b^*) 最近的解为 (a, b)，与 (c^*, d^*) 最近的解为 (c, d)，与 (e^*, f^*) 最近的解为 (e, f)，则

$$d_1 = \sqrt{(a^*-a)^2 + (b^*-b)^2}$$
$$d_2 = \sqrt{(c^*-c)^2 + (d^*-d)^2} \quad (2.2)$$
$$d_3 = \sqrt{(e^*-e)^2 + (f^*-f)^2}$$

因此

$$GD = \left(\frac{d_1^2 + d_2^2 + d_3^2}{3} \right)^{\frac{1}{2}} \quad (2.3)$$

若 $GD = 0$，则表示 $PF_{known} = PF_{true}$；若 GD 为其他数值，则表示 PF_{known} 偏离 PF_{true} 的程度。

该度量指标的主要优点是计算简单，实用性好，适用于多个算法之间相互比较。但是该指标需要对集合进行完全排序，另外需要采用参考集合确定与它们的距离。在已知 PF_{true} 的情况下，使用该度量指标可以产生有用的信息，它表明了一种多目标进化算法产生的解决方案与多目标问题的真实解之间距离的远近程度[1]。

2.5.2 均匀性度量方法

在设计 MOEA 时，除了考虑算法的收敛性外，算法的多样性也是需要考虑的一个重要指标，即所得解集中的非支配个体应均匀分布在整个空间中。文献[37]提出了一种被称为 spacing 的度量指标，并被很多文献引用[12]，具体描述如下。

空间度量指标(spacing, S)用于衡量 PF_{known} 上解分布的"均匀性"。其定义如下：

$$S = \frac{\dfrac{1}{n_{PF}} \sum_{i=1}^{n_{PF}} (d'_i - \overline{d'})^2}{\overline{d'}} \qquad (2.4)$$

式中，$\overline{d'} = \dfrac{1}{n_{PF}} \sum_{i=1}^{n_{PF}} d'$；$n_{PF}$ 为 PF_{known} 上解的数目；d'_i 为 PF_{known} 上的第 i 个解与 PF_{known} 中最近的解之间的欧氏距离。

设 m 为目标空间的维数，则 d'_i 表达如下：

$$d'_i = \min_j \sqrt{f_1^i(x) - f_1^j(x))^2 + (f_2^i(x) - f_2^j(x))^2 + \cdots + (f_m^i(x) + f_m^j(x))^2} \qquad (2.5)$$

式中，$j \neq i$；$i, j = 1, 2, \cdots, n_{PF}$。

若 $S = 0$，则表示 PF_{known} 中的所有解呈均匀分布。该方法的优点：与其他方法结合使用，它能够提供所得解的分布信息，使得结果更为准确；而且适用于解决二维以上的多目标问题。该方法的缺点是计算复杂度较高，不太适合于实际应用[1]。

2.5.3　超体积

超体积(HV)指标主要通过计算算法逼近得到的前沿上的点相较于参考点的支配超体积来评估算法性能的好坏。HV 指标计算时是基于一个参考点计算超体积的大小的，其定义如下：

$$HV = \text{volume} \left(\bigcup_{i=1}^{n_{PF}} v_i \right) \qquad (2.6)$$

式中，n_{PF} 为 PF_{known} 中非支配向量的数目。对于非支配解集中的每一个个体 i，v_i 是由参考点 W 和成员 i 所形成的超体积。在计算 HV 指标时，为了进行公平的比较，参考点的设置是比较重要的[38]。HV 指标值越大，代表多目标进化算法逼近得到的非支配前沿越好。但是，HV 指标有两个缺陷：一是，HV 指标的计算时间非常长；二是，参考点的选择在一定程度上决定 HV 指标值的准确性。

2.5.4　反世代距离

反世代距离指标和世代距离指标一样都需要一组均匀分布在真实 Pareto 前沿上的参考点用于计算。如图 2.3 所示，GD 指标是指算法所求得的非支配解集 PF_{known} 中所有个体到 Pareto 前沿样本中最近点的欧式距离的平均值。这样，GD 指标值就能反映出获得的种群整体上接近 Pareto 前沿的程度。但是，GD 指标的计算并没有考虑种群的分布情况，换言之，即使种群中的解都集中在 Pareto 前沿的很小区域，只要它们与该前沿足够接近，都能获得一个较小的 GD 指标值。而 IGD 指标是世代距离的逆向映射，它用 Pareto 最优解集 PF_{true} 中的个体到算法所求得的非支配解集 PF_{known} 的平均距离表示[18]。因此，其计算公式为

$$IGD(P, P^*) = \frac{\sum_{v \in p^*} d(v, P)}{|P^*|} \qquad (2.7)$$

式中，P^* 为一组在真实 Pareto 前沿上的均匀采样；P 为待测试算法得到的近似 Pareto 解集；$|P^*|$ 为采样点的规模；$d(v, P)$ 为某个采样点 v 与 P 之间的最小欧氏距离。IGD 指标的计算，需提前给定一组在优化问题的真实 PF 上均匀分布的采样点集。IGD 指标值越小，表明优化算法能够准确逼近真实前沿且分布性较好，对于 PF 的拟合程度高。

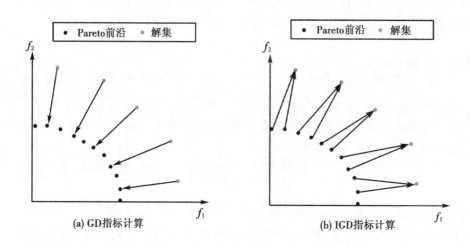

图 2.3　GD 和 IGD 指标的计算方法

2.6　本章小结

本章主要介绍了多目标进化算法的研究现状和发展历程，每个阶段的算法都受到当时研究水平的限制，结合提出算法的特点，从三个角度分析了现有的多目标进化算法，分别是基于支配关系的 MOEA、基于评价指标的 MOEA 和基

于分解的 MOEA，进而整理了多目标进化算法的原理和一般框架。评价多目标进化算法的性能也是学者研究的重点，本章从评价 MOEA 的效果和效率两个方面介绍了目前常用的性能评价方法，为后续学者开展研究提供借鉴。

参考文献

［1］　焦李成，尚荣华，马文萍，等.多目标优化免疫算法、理论和应用［M］.北京：科学出版社，2010.

［2］　SCHAFFER J D.Multiple objective optimization with vector evaluated genetic algorithms［C］// First International Conference on Genetic Algorithms & Their Applications，1985：93-100.

［3］　GOLDBERG D E.Genetic algorithm in search，optimization，and machine learning［J］.Addison-Wesley pub.co.，1989：23-45.

［4］　SRINIVAS N，DEB K.Multiobjective optimization using nondominated sorting in genetic algorithms［J］.Evolutionary computation，1994，2(3)：221-248.

［5］　DEB K，PRATAB A，AGARWAL S，et al.A fast and elitist multiobjective genetic algorithm：NSGA-Ⅱ［J］.IEEE transactions on evolutionary computation，2002，6(2)：182-197.

［6］　HORN J，NAFPLIOTIS N，GOLDBERG D E.A niched Pareto genetic algorithm for multiobjective optimization［C］// Proceedings of the 1st IEEE Conference on Computational Computation.Piscataway：IEEE，1994：82-87.

［7］　ZITZLER E，THIELE L.Multiobjective evolutionary algorithms：a comparative case study and the strength Pareto approach［J］.IEEE transactions on evolutionary computation，1999，3(4)：257-271.

［8］　KNOWLES J D，CORNE D W.The Pareto archived evolution strategy：a new baseline algorithm for Pareto multiobjective optimization［C］// Proceedings of the 2003 IEEE Conference on Evolutionar Computation.Piscataway：IEEE，2003：98-105.

［9］　CORNE D W，KNOWLES J D，OATES M.The Pareto envelope-based selection algorithm for multiobjective optimization［C］// Proceedings of the Sixth International Conference on Parallel Problem Solving from Nature Ⅵ(PPSN-Ⅵ).Berlin：Springer-Verlag, 2000：839-848.

［10］ TAN K C, YANG Y J, GOH C K.A distributed cooperative coevolutionary algorithm for multiobjective optimization［J］.IEEE transactions on evolutionary computation, 2006, 10(5)：527-549.

［11］ ERICKSON M, MAYER A S, HORN J A.The niched Pareto genetic algorithm 2 applied to the design of groundwater remediation systems［J］.Lecture notes in computer science, 2001, 1993(1)：681-695.

［12］ COELLO COELLO C A.A comprehensive survey of evolutionary-based multiobjective optimization techniques［J］.Knowledge and information systems, 1998, 1(3)：269-308.

［13］ COELLO COELLO C A, CORTES N C.An approach to solve multiobjective optimization problems using an artificial immune system［J］.Genetic programming and evolvable machines, 2005, 6(2)：163-190.

［14］ SHANG R H, JIAO L CH, GONG M G, et al.Clonal selection algorithm for dynamic multiobjective optimization［J］.Lecture notes in computer science, 2005, 3801(1)：846-851.

［15］ ZHANG B, ZHANG X H , GONG M G , et al.Immune system strength Pareto algorithm for multiobjective 0/1 knapsack problems［J］.Journal of Harbin Engineering University, 2006, 27(S)：214-218.

［16］ SHANG R H, MA W P.Immune clonal MO algorithm for ZDT problems ［C］∥2nd International Conference on Natural Computation (ICNC 2006), Part Ⅱ, 2006, 42：100-109.

［17］ 刘淳安.动态多目标优化进化算法及其应用[M].北京：科学出版社, 2011.

［18］ 郑金华, 邹娟.多目标进化优化[M].北京：科学出版社, 2017.

［19］ DEB K, JAIN H.An evolutionary many-objective optimization algorithm using reference-point-based nondominated sorting approach, part Ⅰ：solving problems with box constraints［J］.IEEE transactions on evolutionary computation, 2014, 18

（4）：577-601.

［20］　ZHANG Q F, SUN J Y, TSANG E.An evolutionary algorithm with the guided mutation for the maximum clique problem［J］.IEEE transactions on evolutionary computation, 2005, 9（2）：192-200.

［21］　CHEN G D, LI Y, ZHANG K, et al.Efficient hierarchical surrogate-assisted differential evolution for high-dimensional expensive optimization［J］.Information sciences, 2021, 542：228-246.

［22］　ZITZLER E, KÜNZLI S.Indicator-based selection in multiobjective search［C］.8th International Conference on Parallel Problem Solving from Nature. Heidelberg：Springer, 2004：832-842.

［23］　TIAN J, TAN Y, ZENG J CH, et al.Multiobjective infill criterion driven Gaussian process-assisted particle swarm optimization of high-dimensional expensive problems［J］.IEEE transactions on evolutionary computation, 2019, 23（3）：459-472.

［24］　ZHANG Q F, LI H.MOEA/D：a multiobjective evolutionary algorithm based on decomposition［J］.IEEE transactions on evolutionary computation, 2007, 11（6）：712-731.

［25］　QI Y T, MA X L, LIU F, et al.MOEA/D with adaptive weight adjustment［J］.Evolutionary computation, 2014, 22（2）：231-264.

［26］　BEUME N, NAUJOKS B, EMMERICH M.SMS-EMOA：multiobjective selection based on dominated hypervolume multiobjective selection based on dominated hypervolume［J］.European journal of operational research, 2007, 181（3）：1653-1669.

［27］　MARLER R T, ARORA J S.The weighted sum method for multi-objective optimization：new in-sights［J］.Structural and multidisciplinary optimization, 2010, 41（6）：853-862.

［28］　刘元.进化多目标优化算法研究［D］.长沙：湖南大学, 2021.

［29］　LI M, YANG S, LIU X, et al.IPESA-Ⅱ：improved Pareto envelope-based selection algorithm Ⅱ［C］//Evolutionary Multi-criterion Optimization：7th International Conference, EMO 2013, Sheffield, UK, March 19-22, 2013, Proceeding, 2013, 143-155.

［30］ 郑金华.多目标进化算法及其应用［M］.北京：科学出版社，2007.

［31］ 雷德明，严新平.多目标智能优化算法及其应用［M］.北京：科学出版社，2009.

［32］ KNOWLES J, THIELE L, ZITZLER E.A tutorial on the performance assessment of stochastic multiobjective optimizers［C］//Proceedings of the 8th Annual Conference on Genetic and Evolutionary Computation：8th Annual Conference on Genetic and Evolutionary Computation, Jul.2006, Seattle, Washington, USA, 2005：240-253.

［33］ DEB K, SUNDAR J, UDAYA BHASKARA R N, et al.Reference point based multi-objective optimization using evolutionary algorithms［J］. International journal of computational intelligence research, 2006, 2(3)：273-286.

［34］ WANG Y, XIANG J, CAI Z X.A regularity model-based multiobjective estimation of distribution algorithm with reducing redundant cluster operator［J］.Applied soft computing, 2012, 12(11)：3526-3538.

［35］ ZIEZLER E, THIELE L, LAUMANNS M, et al.Performance assessment of multiobjective optimizers：an analysis and review［J］.IEEE transactions on evolutionary computation, 2003, 7(2)：117-132.

［36］ ZIEZLER E, THIELE L.Multiobjective evolutionary algorithms：a comparative case study and the strength Pareto approach［J］.IEEE transactions on evolutionary computation, 1999, 3(4)：257-271.

［37］ SCHOTT J R.Fault tolerant design using single and multicriteria genetic algorithm optimization［M］.Cambridge：Massachusetts Institute of Technology, 1995.

［38］ ISHIBUCHI H, IMADA R, SETOGUCHI Y, et al.How to specify a reference point in hypervolume calculation for fair performance comparison［J］.Evolutionary computation, 2018, 26(3)：411-440.

第3章　多目标进化算法

自 1984 年 Schaffer 提出基于向量评价的遗传算法（VEGA）以来，进化多目标优化在进化计算领域成为非常热门的研究方向。Goldberg 在 1985 年提出了 Pareto 思想，Fonseca 和 Fleming 于 1993 年以 Pareto 排序为基础提出了 MOGA。此后，MOEA 得到了快速的发展，学者们提出了各种 MOEA 算法。

3.1　MOGA

1993 年，Fonseca 和 Fleming 利用 Pareto 思想提出了 MOGA。该算法对每个个体划分等级（rank），所有非支配个体的等级定义为 1，其他个体的等级为支配它的个体数目加 1，这样可能存在多个个体具有相同的分类序号的情况，如图 3.1 所示。选择操作按照分类序号从小到大依次进行，具有相同等级的个体用适应度共享机制进行选择。适应度赋值分配方式如下：①基于个体的秩将种群排序；②利用线性或非线性的插值方法在最低序号与最高序号之间进行插值；③将具有相同序号的个体的适应度值共享，即通过除以相同序号的个体数得到新的适应度值。可以给不同序号的个体分配固定不变的适应度值[1]。

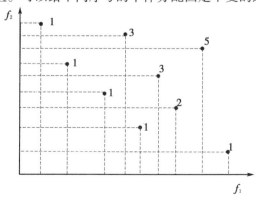

图 3.1　2 目标 Pareto 排序

在 MOGA 中,依据个体之间的支配关系确定个体的分类序号是一项非常重要的工作。MOGA 的优点是算法易于执行且效率较高,因而在多目标优化领域得到了广泛的应用。但 MOGA 过于依赖共享函数的选择,而且可能产生较大的选择压力,从而导致未成熟收敛[2]。

3.2　NSGA Ⅱ

NSGA 是由 Srinivas 和 Deb[3]于 1994 年提出的一种基于 Pareto 前沿的多目标遗传算法,该算法提出后受到学者广泛的关注。但是 NSGA 在应用过程中主要有以下三个方面的不足:一是构造 Pareto 最优解集的时间复杂度太高,为 $O(rN^3)$(r 为目标数,N 为进化群体的规模),因为每一代进化都需要构造非支配集,这样一来,当进化群体规模较大时,算法执行的时间开销就很大;二是没有最优个体(elitist)保留机制[4],最优个体保留机制一方面可以提高 MOEA 的性能,另一方面能防止优秀解的丢失;三是共享参数问题,在进化算法的传统方法中,主要是采用共享参数(σ_{share})维持解群体的分布性,其困难是共享参数的大小不容易确定,参数的动态修改和调整更是一件困难的工作。为此,Deb 等人又分别于 2002 年和 2014 年提出了改进后的第二代非支配排序遗传算(NSGA Ⅱ)和第三代改进非支配排序遗传算法(NSGA Ⅲ),该系列算法的核心思想是通过非支配排序和控制种群多样性选择最优个体[2]。

3.2.1　NSGA Ⅱ 流程

NSGA Ⅱ采用了不同于 MOGA 和 SPEA 的算法结构,其构造过程如图 3.2 所示,具体过程描述如下[1]。

(1)随机产生初始种群 P_0,然后对种群进行非劣排序,每个个体被赋予秩;再对初始种群执行二元锦标赛选择、交叉和变异,得到新的种群 Q_0,令 $t=0$。

(2)形成新的群体 $R_t = P_t \cup Q_t$,对种群 R_t 进行非劣排序,得到非劣前端 F_1,F_2,…。

(3)对所有 F_i 按照拥挤比较操作($<_n$)进行排序,并选择其中最好的 N 个个体形成种群 P_{t+1}。

(4)对种群 P_{t+1} 执行复制、交叉和变异,形成种群 Q_{t+1}。

(5)若终止条件成立,则结束;否则,$t=t+1$,转到步骤(2)。

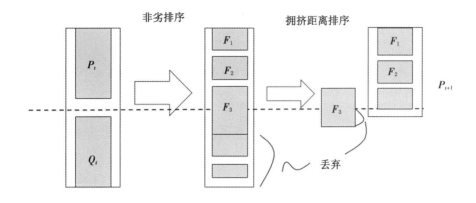

图 3.2 NSGA II 构造过程图

3.2.2 非劣排序构造方法

对集合 P 进行非劣排序的具体过程如下。

(1) 令每个解 $x \in P$，对应的支配数即支配解 x 的所有个体的数量为 $n_x = 0$，以及解 x 对应的集合 (S_x) 即解 x 所支配的个体的集合为空集。然后对应集合 P 中的每个解 q，若 $q > x$，则 $S_x = S_x \cup \{q\}$；若 $x > q$，则 $n_x = n_x + 1$。最终得到每个解对应的支配数 n_x 和集合 S_x，并将 $n_x = 0$ 的解放入前端 F_1 中，且 $x_{rank} = 1$。

(2) $i = 1$。

(3) 令 Q 为空集，对于每个解 $x \in F_i$，执行如下操作：对于每个解 $q \in S_x$，$n_q = n_q - 1$；若 $n_q = 0$，则 $q_{rank} = i + 1$ 且 $Q = Q \cup \{q\}$。

(4) 若 Q 不为空集，则 $i = i + 1$，$F_i = Q$，转到步骤 (3)；否则，停止迭代[1]。

3.2.3 拥挤距离及其排序

为了保持解群体的分布性和多样性，Deb[5] 首先通过计算进化群体中每个个体的拥挤距离估计一个解周围其他解的密集程度，如图 3.3 所示。对于每个目标函数，先对非劣解集 L 中的解以该目标函数值的大小进行排序，再对每个解 i，计算由解 $i+1$ 和 $i-1$ 构成的立方体的平均边长，最终的结果就是解 i 的拥挤距离 $i_{distance}$。边界解 (某个目标函数值最大或最小) 的拥挤距离为无穷大。

拥挤距离排序是建立在拥挤比较算子 ($>_n$) 的基础上的，$i >_n j$ 当且仅当非劣排序值 $i_{rank} < j_{rank}$ 或者 $i_{rank} = j_{rank}$ 且 $i_{distance} > j_{distance}$[1]。

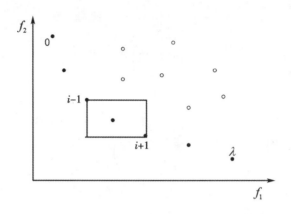

图 3.3　拥挤距离计算

3.3　NPGA

1994 年，Horn 和 Nafpliotis 等人基于 Pareto 支配关系提出了 NPGA 算法，算法的具体思想是随机地从进化种群中选择两个个体，再随机地从进化群体中选取一个比较集，若只有其中一个个体不受比较集的支配，则这个个体将被选中进入下一代；当它们全部支配或全部被支配于该比较集时，采用小生境技术实现共享来选取其中之一进入下一代进化，算法选取共享适应度值大的个体进入下一代[6]。

NPGA 的主要优点是运行效率比较高，且能获得较好的 Pareto 最优边界；不足之处是小生境半径的选取与调整比较困难，还要选择一个合适的比较集的规模。小生境技术就是将每一代个体划分为若干类，每个类中选出若干适应度较大的个体作为一个类的优秀代表组成一个群，再在种群中及不同种群之间进行杂交、变异，产生新一代个体群。同时，采用预选择机制和排挤机制或分享机制完成任务。同一小生境内的个体互相降低对方的共享适应度。个体的聚集程度越高，其相对于适应度的共享适应度就被降低得越多。如图 3.4 所示，候选解 A 和 B 都是非支配的，但 A 的聚集密度比 B 的聚集密度大，因此，A 的共享适应度比 B 的共享适应度小，故在 A 和 B 两个候选解中应选择 B。使用共享适应度的目的在于将进化群体分散到整个搜索空间的不同区域上，基于这种小生境的遗传算法，可以更好地保持解的多样性[1]。

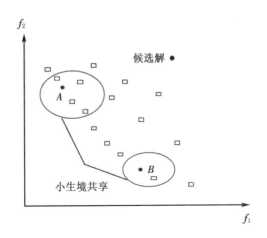

图 3.4　小生境共享机制

3.4　SPEA2

SPEA 是 Zitzler[4] 在 1999 年提出来的算法, 在该算法中, 个体的适应度又称为 Pareto 强度, 非支配集中个体的适应度定义为其所支配的个体总数在群体中所占的比重, 其他个体的适应度定义为支配它的个体总数加 1, 约定适应度低的个体对应着较高的选择概率。除了进化种群以外, 还设置了一个保存当前非支配个体的外部种群, 当外部种群的个体数目超过约定值时, 则用聚类技术删减个体。采用锦标赛选择法从进化群体和外部种群中选择个体进入交配池, 进行交叉、变异操作[1]。

SPEA 算法的优点是将非支配解存储在另一个不断更新的种群中, 根据个体非支配解的个数计算适应度值, 并使用 Pareto 支配关系保存种群多样性。该算法的聚类分析能够减少非劣解集的大小, 但它的不足之处是可能错误地删掉一些必须保存在非劣解集中的个体, 影响算法的多样性。因此, Zitzler 等人[7]于 2001 年对 SPEA 进行了改进, 在适应度分配策略、个体分布性的评估方法及非支配集的调整三个方面做了改进, 改进后的算法称为 SPEA2。在 SPEA2 中, 计算个体适应度值的方法在 SPEA 的基础上做了很大的改进, SPEA2 计算个体适应度值的方法为[2]

$$F(i) = R(i) + D(i)$$

$$R(i) = \sum_{j \in Pop+NDSet, \, j>i} S(j) \tag{3.1}$$

式(3.1)中,

$$S(i) = |\{j | j \in P+Q \wedge i > j\}|$$

$$D(i) = \frac{1}{\sigma_i^k + 2} \tag{3.2}$$

$$k = \sqrt{|P| + |Q|}$$

式中,σ_i^k 为个体 i 到其第 k 个邻近个体之间的距离。为此,需要计算个体 i 到进化群体 P 和归档集 Q 中其他所有个体之间的距离,并按照增序排列。

在 SEPA2 算法中,个体适应度的函数用数学描述为 $F(i) = R(i) + D(i)$。其中,$R(i)$ 会同时考虑个体 i 在进化种群和外部种群(外部档案)中个体的支配信息;$D(i)$ 是拥挤度度量,该度量是由个体 i 到与它相邻的第 k 个个体的距离面决定的。在新群体构造时,首先考虑的是对环境的选择,然后是交配选择。算法在进行环境选择时,首先会选择那些适应度值比 1 小的个体,让它们进入外部种群,当这些个体数目小于外部种群的规模时,应选择进化种群中适应度较低的个体;而当这些个体数目大于外部种群的规模时,则利用环境选择而删减某些不必要的解。在交配选择时,该算法利用锦标赛选择法选取合适个体进入交配池。SEPA2 算法在环境选择时,引入了基于近邻规则的环境选择方案,简化了在 SPEA 中基于聚类的外部种群更新方法。虽然 SEPA2 在算法的计算复杂度上仍和 SPEA 一样,但是基于近邻规则的环境选择得出了解分布的均匀性非常好的结论。

3.5 MOEA/D

分解策略是传统数学规划中解决多目标优化问题的基本思路,基于这个策略,2007 年 Zhang 等人[8] 提出了基于分解的多目标进化算法(MOEA based on decomposition,MOEA/D),将一个多目标优化问题分解为若干个标量优化子问题,同时进行优化。这受到了研究人员的大量关注,许多学者对此算法进行了改进,可以分为对权重向量生成的改进、对计算资源分配的改进、对交配选择机制的改进和对替换选择机制的改进等。近年来，MOEA/D 得到广泛应用，成为最具影响力的 MOEA 之一，并被多目标进化优化研究同行认同为一类独立的算法。

MOEA/D 的核心思想是将多目标优化问题分解为一组单目标子问题或多个多目标子问题，利用子问题之间的邻域关系，通过协作的方式同时优化所有子问题，从而找到整个 Pareto 面的逼近。通常子问题的定义由权重向量确定，子问题之间的邻域关系是通过计算权重向量之间的欧式距离确定的。与其他 MOEA 不同，MOEA/D 强调从邻域中选择父个体，通过交叉操作产生新个体，并在邻域中按照一定的规则进行种群更新。因此，基于邻域的优化策略是保证 MOEA/D 的搜索效率的重要特征。在进化过程中，针对某个子问题的高质量解一旦被搜索到，其好的基因信息就会迅速扩散至邻域内其他个体，从而加快种群的收敛速度[2]。

MOEA/D 提供了一个基于分解策略的基本框架，其最大特点是分解与合作。当前，MOEA/D 已经发展出了很多不同的版本以解决具有不同难度特征的多目标优化问题。Qi 等人[9] 提出了一种自适应权重向量调整的改进 MOEA/D（MOEA/D-AWA），这个算法主要是基于权重向量和切比雪夫方法下相应子问题解的几何关系，子问题的权重可以自适应地重新分配，以获得更好的解的一致性，也可以减少用于具有重复最优解的子问题的计算工作量。Tan 等人[10] 提出了基于分解的均匀设计多目标进化算法（UMOEA/D），采用均匀设计方法设置子问题的聚集系数向量。与 MOEA/D 相比，系数向量在设计空间上的分布更加均匀，种群规模既不随目标数非线性增加，也不考虑公式化的设定。Ma 等人[11] 提出了一种分解测度均匀的改进 MOEA/D 和改进的切比雪夫分解方法（MOEA/D-UDM），使用均匀分解测量的新型权重向量初始化方法。

3.6 多目标进化算法研究进展

3.6.1 协同多目标进化算法

协同进化算法是近十几年来在协同进化论基础上提出的一类新的进化算法。协同进化算法是相互作用的种群间的交互进化变化，其与其他进化算法的区别在于：协同进化算法在进化算法的基础上，考虑了种群与环境之间、种群与种群之间在进化过程中的协调。虽然这方面的研究起步较晚，但是由于协同进化算法的优越性，很多学者对此进行了研究，目前协同进化算法已成为当前进化计算的一个热点问题[12]。

基于多目标优化问题的特性，利用协同进化机制，Parmee 等人[13]于 1999 年提出了第一个协同多目标进化算法（CMOEA）。Keerativuttitumrong 等人[14]通过集成 MOGA 与 Potter 等人[15]提出的协作协同进化遗传算法（CCGAC），提出了多目标协作协同进化遗传算法（MOCCGA），该算法根据问题的决策变量或问题包含的子问题，将问题分解，产生多个子种群，然后利用基于秩的方法、适应度共享和交配受限等策略获取问题的 Pareto 最优解。刘静[16]提出了多目标协同进化算法，设计了一个交叉算子和三个协同进化算子用于保持种群的多样性和加快收敛速度。Tan 等人[17]提出一种新的用于求解多目标优化问题的分布式协同进化算法（DCCEA），该算法引入了分布式合作协同进化的思想，取得了较好的效果。Coello Coello 等人[18]提出了 CO-MOEA，该算法使用多个竞争种群，若一个种群产生了更多最优前端上的解，则该种群规模增大；反之，则规模减小，甚至失去生存的机会。其目的在于使算法逼近搜索空间内最优解所在区域。Goh 和 Tan[19]于 2009 年提出一种用于求解动态多目标优化问题的竞争-协作协同进化方法，该方法提出了一种新的进化模式，即用竞争与合作机制解决多目标优化问题，并在一个动态环境中跟踪 Pareto 前沿[20]。竞争协同进化的主要思想是允许适应和产生最优化问题的分解过程，而不是去设计和改变初始的进化优化进程。特别地，每个物种种群将竞争以代表某一多目标问题的子代，而最终的优胜者将进行合作，以发展为更好的解决办法。通过这样反复的竞争与合作，多样的父代被不同的子代优化，根据在特殊的时间段的优化需要，从而形成一种进化算法以解决静态和动态的多目标问题[12]。

3.6.2　动态多目标进化算法

在实际生产生活中，许多优化问题存在多个目标，许多系统需要考虑动态调度问题，以及时间间隔上各个运行状态之间的约束，即时间带来的约束，这些约束称为动态约束。面对一个复杂动态变化的系统，静态优化方法具有明显的局限性，因为在这些问题中，研究目标是复杂变化的。将现实中的这些具有多个目标、和时间因素相关的问题抽象成数学模型就是动态多目标优化（dynamic multi-objective optimization, DMO)问题。如何有效求解 DMO,也是当今进化多目标优化领域所面临的难题之一[1]。

对于 DMO 问题,一般可以分为动态单目标优化问题和动态多目标优化问题两大类。目前,学者的研究主要集中在动态单目标优化问题上[21-25],对于动态多目标优化问题的成果较少。Farina 等人[25]提出了一种临域搜索算法(DBM),该算法在产生少数但具有良好分布的非劣解方面有很好的体现。根据免疫优势概念和抗体克隆选择学说,尚荣华等人[26]提出了 ICADMO 算法,用于求解连续的 DMO 问题,该算法在所得解的均匀性、多样性及解分布的宽广性等方面都体现了很好的性能。Deb 等人[27]在 NSGA Ⅱ基础上改进初始群体,提出了动态多目标优化进化算法(DNSGA-Ⅱ),该算法采用非劣排序及拥挤距离进行个体评价,经由最优保留、二人联赛选择、SBX 交叉及 Polynomial 变异等操作进行群体进化。Iorio 等人[28]在求解动态单目标优化进化算法的基础上提出了一种向前估计方法(forward-looking approach),提高了算法的收敛速度。Tan 等人[29]提出了一种递增型 MOEA(IMOEA),IMOEA 根据所发现的 Pareto最优前端和理想的种群分布密度自适应地调整种群大小,并引入了模糊边界局部扰动方法。

进化算法的出现为求解动态优化问题(DOP)带来了新生机和希望,目前已经出现了许多有效的动态优化进化算法。如何设计更加高效的算法用于求解连续和非连续的 DMO 问题,以期获得高质量的解,并且较好地保持算法的收敛性和收敛速度是一个具有重要的理论意义和实际应用前景的研究方向[12]。

3.6.3　高维多目标进化算法

在多目标优化研究中,随着目标维数的增高,优化的难度呈指数级增长,通常将四个及以上目标的优化问题称为高维多目标优化问题。对于高维多目标优化问题,要想找到一组 Pareto 最优解是十分困难的。随着目标函数的增多,问题的 Pareto 最优前沿会越来越复杂,小规模的种群很难获得分布在整个最优前沿上的非劣解,而大规模的种群能使非劣解在最优前沿的分布范围增大,计算时间会显著增加。因此,近年来,高维多目标进化算法(高维 MOEA)已成为进化多目标优化领域的热点研究课题[1]。

经典的 MOEA,如 NSGA Ⅱ和 SPEA2,在求解二维或三维优化问题时具有十分优异的性能,但是,随着目标维数的增加,种群中非支配的个体数目呈指数级增加，从而降低了进化过程的选择压力，最优解集的可视化困难，并且对解集分布性评价的计算时间增大。近年来，学者提出了一些有效方法用于求解高维多目标优化问题。Hughes 在 2003 年提出的基于聚集函数的 MSOPS，该方法起初并没有用来解决高维多目标优化问题，直到 Wagner 等人[30]把该算法用于解决高维多目标优化问题。这种方法并行地处理所有的目标，决策者需要为每一个目标选择一个权矢量，加权的最小最大法与解的收敛性有关，该算法没有用到 Pareto 支配的概念。实验结果表明，该算法求解高维目标优化问题表现出了一定的优势。2004 年，Farina 等人[31]提出了 PCA-NSGA Ⅱ，并分别测试 30 维目标和 20 维目标的 DTLZ5 问题，得出了不错的结果，确实达到了降维的目的。2007 年，Saxena 和 Deb[32]提出了 PCA-NSGA Ⅱ 的改进版本，称为 C-PCA-NSGA Ⅱ 和 MVU-PCA-NSGA Ⅱ，该方法通过分析产生了一个低维线性空间，通过最小均方误差准则提高了算法的性能。Köppen 等人[33]针对 NSGA Ⅱ 在处理 MOOP 方面的缺陷，在 NSGA Ⅱ 中引入分别基于子向量支配、模糊支配、e 支配和子目标支配数的四种距离赋值过程，以替代基于拥挤距离的赋值方法，在此基础上，提出了相应的改进算法。计算结果表明，NSGA Ⅱ 在高维多目标优化方面的性能得到了明显改善。

3.6.4　多目标粒子群优化算法

基于混合机制的多目标进化算法的研究重心是通过将两种以上进化算法进行混合，以追求搜索过程中最优的收敛性、多样性和计算成本。近几年来，基于混合机制的多目标进化算法取得了很大的进展，涌现出多种混合多目标进化算法。基于粒子群的多目标优化(multi-objective particle swarm optimization, MOPSO)算法是对 PSO 算法的一种扩展，应用于多目标优化问题，其核心思想是引入 Pareto 占优机制，并利用外部存档保存非支配解。另外，外部存档还用于指导粒子的飞行方向与搜索步长，进而影响种群的收敛性及多样性表现。

近几年来，MOPSO 算法凭借高效、快速的优势，已经在无约束、有约束多目标优化中取得了许多突破性进展。Zhu 等人[34]提出了一种新的外部存档引导的 MOPSO 算法(AgMOPSO)，把多目标优化问题分解转化为一组组子问题，分配粒子优化相应的子问题，设计了一种基于外部存档集引导的择优策略，进行粒子速度更新，有效提高了收敛速度。Li 等人[35]提出了一种基于增强选择的多目标粒子群优化(ESMOPSO)算法，采用目标函数加权自适应更新全局最优粒子,加强局部搜索的同时提高了收敛速度。Cheng 等人提出了一种改进的带偏好策略的多目标粒子群(IMPSO-PS)算法,引入偏好因子来量化约束空间中对某些属性的偏好程度。

在求解多目标优化问题时,目标数目和维度的增加会导致解的数量急剧增多。为了既不失多样性又快速获得最优解集,需要提高算法的收敛性能,这有利于提高算法效率。为了加速收敛,Guang 等人[36]提出一种基于共享学习和动态拥挤距离的多目标粒子群优化(MOPSO-SCDD)算法,设计了一种跟随非线性惯性权重系数变化的动态学习因子。Cheng 等人[37]提出了一种新的混合优化算法,在粒子群优化算法中集成了一种基于二次逼近约束优化(BOBYQA)算法和外部罚函数法的新型最优粒子局部搜索策略,该方法的主要目标是提高 PSO 算法的收敛性能,并保持非支配集的多样性。于慧等人[38]利用动态聚类策略将种群划分为两个子群,并改变子种群的更新方式,从而提高收敛速度,保证多样性。Liu 等人[39]提出了一种改进的协同进化多种群粒子群优化算法来解决动态多目标优化问题(DMOPs),其中的目标是相互冲突的,并且随着时间或环境的变化而变化,子群间都使用信息共享策略进行协同进化,提高收敛速度。

3.6.5　多目标免疫优化算法

人工免疫系统是模仿自然免疫系统功能的一种智能方法,它实现一种受生物免疫系统启发,依据自然防御机理具备的学习技术,可以进行噪声忍耐、无监督学习、自组织等进化学习,结合分类器、人工神经网络等系统的优点,提供新颖的解决问题的方式[1]。

2002 年,Coello Coello 等人[40]提出了多目标免疫系统算法(multi-objective immune system algorithm, MISA),随后,多种适用于多目标问题中的免疫算法被提出。Luh 等人[41]先提出多目标免疫算法(MOIA),MOIA 是一种具有较强生物背景的复杂算法,它利用诸如克隆选择理论、DNA 库建立等生物学理论和模型,提高了算法的收敛速度和解的精度。计算结果表明,MOIA 的性能明显优于 SPEA、MOGA、NPGA、NSGA。Chen 等人[42]利用克隆选择和免疫网络理论,设计了一种基于种群自适应免疫算法(PAIA),在该算法中,种群大小和克隆规模随着搜索过程和问题的进展和变化而自适应调整。Lu 等人[43]基于免疫应答的动态过程和克隆选择理论,提出了免疫遗忘多目标优化算法(IFMOA),该算法结合了基于 Pareto 强度的抗原与抗体亲和度赋值方法、克隆选择操作和一种模拟免疫耐受过程的方法。Jiao 等人[44]提出了向量人工免疫系统(VAIS)。基于免疫支配这一概念和克隆选择理论,焦李成研究小组分别提出了免疫支配克隆多目标算法(IDCMA)和非劣邻域免疫算法(NNIA)[45-46]。这些多目标免疫优化算法中,NNIA 是其中比较有代表性的算法。2018 年,李想等人[46]对目标进行约束,将人工免疫系统与多 Agent 系统结合,改善收敛性,使搜索性能得到优化。2018 年,Mlungisi 等人[47]将人工免疫系统应用在推荐系统的协同过滤中,优化潜在特征,这为解决多目标优化问题提供了新的思路。

3.7 本章小结

多目标进化算法经过多年来的发展,已经形成了多种具有不同特性的智能进化算法,形成了多样性的特点,也为求解多目标优化问题带来了新的机会。本章重点介绍了几种常用的多目标进化算法,如 MOGA, NSGA Ⅱ, NPGA, SPEA2,MOEA/D。随着多目标进化算法的发展,一些新颖的受自然系统启发的多目标进化算法被相继提出,如基于协同的多目标进化算法、基于动态的多目标进化算法及混合型多目标进化算法等,这也是未来一段时间主要的研究热点。

参考文献

[1] 雷德明,严新平.多目标智能优化算法及其应用[M].北京:科学出版社,2009.

[2] 郑金华,邹娟.多目标进化算[M].北京:科学出版社,2017.

[3] SRINIVAS N, DEB K.Muiltiobjective optimization using nondominated sorting in genetic algorithms[J].Evolutionary computation,1994,2(3):221.

[4] ZITZLER E.Multiobjective evolutionary algorithms:a comparative case study and the strength Pareto approach[J].IEEE transactions on evolutionary computation,1999,3(4):257-271.

[5] DEB K.Multi-objective evolutionary optimization:past, present, and future[J].Evolutionary design and manufacture,2000:225-236.

[6] HORN J, NAFPLIOTIS N, GOLDBERG D E.A niched Pareto genetic al-

gorithm for multiobjective optimization[C]// Proceedings of the First IEEE Conference on Evolutionary Computation, Orlando, Florida, United States, 1994: 27-29.

[7]　ZITZLER E, LAUMANNS M, THIELE L.Spea2: improving the strength Pareto evolutionary algorithm[J].TIK-report, 2001: 1-21.

[8]　ZHANG Q F, LI H. MOEA/D: a multiobjective evolutionary algorithm based on decomposition[J].IEEE transaction evolutionary computation, 2007, 11 (6): 712-731.

[9]　QI Y T, MA X L, LIU F, et al.MOEA/D with adaptive weight adjustment[J].Evolutionary computation, 2014, 22(2): 231-264.

[10]　TAN Y Y, JIAO Y C, LI H, et al.MOEA/D + uniform design: a new version of MOEA/D for optimization problems with many objectives[J].Computers and operations research, 2013, 40(6): 1648-1660.

[11]　MA X L, QI Y, LI L L, et al.MOEA/D with uniform decomposition measurement for many-objective problems[J].Soft computing: a fusion of foundations, methodologies and applications, 2014, 18(12): 2541-2564.

[12]　焦李成, 尚荣华, 马文萍, 等.多目标优化免疫算法、理论和应用 [M].北京: 科学出版社, 2010.

[13]　PARMEE I C, WATSON A H.Preliminary airframe design using co-evolutionary multiobjective genetic algorithms[C]// Genetic and Evolutionary Computation Conference, 1999: 1657-1665.

[14]　KEERATIVUTTITUMRONG N, CHAIYARATANA N, VARAVITHYA V.Multi-objective co-operative co-evolutionary genetic algorithm[C]// 7th International Conference on Parallel Problem Solving from Nature (PPSN 2002), 2002: 288-297.

[15]　POTTER M A, JONE K A D.A cooperative coevolutionary approach to function optimization[J].Parallel problem solving from nature PPSN Ⅲ, 1994: 249-257.

[16]　刘静.协同进化算法及其应用研究[D].西安: 西安电子科技大学, 2004.

[17]　TAN K C, YANG Y J, GOH C K.A distributed cooperative coevolutionary algorithm for multiobjective optimization(article)[J].IEEE transactions on evolu-

tionary computation, 2006, 10(5): 527-549.

［18］ COELLO COELLO C A, REYES S M.A co-evolutionary multi-objective evolutionary algorithn［C］// Proceedings of the Congress on Evolutionary Computation.New York: IEEE, 2003: 482-489.

［19］ GOH C K, TAN K C.A competitive-cooperative coevolutionary paradigm for dynamic muli-objective optimization［J］.IEEE transactions on evolutionary computation, 2009, 13(1):103-127.

［20］ BRANKE J, KAUBER T, SCHMIDTH C, et al.A multi-population approach to dynamic optimization problems［C］// Proc.of the Adaptive Computing in Design and Manufacturing, Berlin, 2000: 299-308.

［21］ 窦全胜, 周春光, 徐中宇, 等.动态优化环境下的群核进化粒子群优化方法［J］.计算机研究与发展, 2006, 43(1): 89-95.

［22］ PARSOPOULOS K E, VRAHATIS M N.Particle swarm optimizer in noisy and continuously changing environments［C］// IASTED International Conference on Artificial Intelligence and Soft Computing, 2001: 289-294.

［23］ WINEBERG M, OPPACHER F.Enhancing the GA's ability to cope with dynamic environments［C］// Proceedings of the Genetic and Evolutionary Computation Conference: A Joint Meeting of the 9th International Conference on Genetic Algorithms(ICGA-2000) and the 5th Annual Genetic Programming Conference(GP-2000), 2000: 3-10.

［24］ BRANKE J, SCHMECK H.Designing evolutionary algorithms for dynamic optimization problems［J］.Springer-Verlag, 2003: 239-262.

［25］ FARINA M, DEB K, AMATO P.Dynamic multiobjective optimization problems: test cases, approximation, and applications(article)［J］.IEEE transactions on evolutionary computation, 2004, 8(5): 311-326.

［26］ 尚荣华, 焦李成, 公茂果, 等.免疫克隆算法求解动态多目标优化问题［J］.软件学报, 2007, 18(11): 2700-2711.

［27］ DEB K, RAO U B N, KARTHIK S.Dynamic multi-objective optimization and decision-making using modified NSGA-Ⅱ: a case study on hydro-thermal power scheduling［J］.Lecture notes in computer science (including subseries lecture notes in artificial intelligence and lecture notes in bioinformatics), 2007, 4403(1):

803-817.

[28]　IORIO A W, LI X D. A cooperative coevolutionary multiobjective algorithm using non-dominated sorting[J]. Genetic and evolutionary computation-GECCO 2004, 2004, 3102: 537-548.

[29]　TAN K C, LEE L H, KHOR E F. Evolutionary algorithm with dynamic population size and local exploration for multiobjective optimization[J]. IEEE transactions on evolutionary computation, 2001, 5(6): 565-588.

[30]　WAGNER T, BEUME N, NAUJOKS B. Pareto-, aggregation-, and indicator-based methods in many-objective optimization[C] // Evolutionary Multi-Criterion Optimization, 2007: 742-756.

[31]　FARINA M, DEB K, AMATO P. Dynamic multiobjective optimization problems: test cases, approximations, and applications[J]. IEEE transactions on evolutionary computation, 2004, 8(5): 425-442.

[32]　SAXENA D K, DEB K. Non-linear dimensionality reduction procedures for certain large-dimensional multi-objective optimization problems: employing correntropy and a novel maximum variance unfolding[J]. Lecture notes in computer science (including subseries lecture notes in artificial intelligence and lecture notes in bioinformatics), 2007, 4403(1): 772-787.

[33]　KÖPPEN M, YOSHIDA K. Substitute distance assignments in NSGA-Ⅱ for handling many-objective optimization problems[C] // Evolutionary multi-criterion optimization, 2007: 727-741.

[34]　ZHU Q L, LIN Q Z, CHEN W N. An external archive-guided multiobjective particle swarm optimization algorithm[J]. IEEE transactions on cybernetics, 2017, 47(9): 2794-2808.

[35]　LI X, LI X L, WANG K, et al. A multi-objective particle swarm optimization algorithm based on enhanced selection[J]. IEEE access, 2019, 7: 168091-168103.

[36]　GUANG P, WANG F W, SHI P W, et al. Multi-objective particle optimization algorithm based on sharing-learning and dynamic crowding distance[J]. Optik: zeitschrift fur lichtund elektronenoptik: = journal for light-and electronoptic, 2016, 127(12): 5013-5020.

［37］ CHENG S X, ZHAN H, SHU Z X.An innovative hybrid multi-objective particle swarm optimization with or without constraints handling［J］.Applied soft computing, 2016, 47(1): 370-388.

［38］ 于慧, 王宇嘉, 陈强, 等.基于多种群动态协同的多目标粒子群算法［J］.电子科技, 2019, 32(10): 28-33.

［39］ LIU R C, LI J X, FAN J, et al.A coevolutionary technique based on multi-swarm particle swarm optimization for dynamic multi-objective optimization［J］. European journal of operational research, 2017, 261(3): 1028-1051.

［40］ COELLO COELLO C A, CRUZ C N.An approach to solve multiobjective optimization problems based on an artificial immune system［C］//Proceedings of 1st International Conference on Artificial Immune System Canterbury, 2002: 212-221.

［41］ LUH G C, CHUEH C H.Multi-objective optimal design of truss structure with immune algorithm［J］.Computers and structures, 2004, 82(11/12): 829-844.

［42］ CHEN J , MAHFOUF M.A population adaptive based immune algorithm for solving multi-objective optimization problems［C］//5th International Conference on Artificial Immune Systems (ICARIS 2006), 2006: 280-293.

［43］ LU B, JIAO L CH, DU H F, et al.IFMOA: immune forgetting multiobjective optimization algorithm［C］//Advances in Natural Computation pt.3, 2005: 399-408.

［44］ JIAO L CH, GONG M G, SHANG R H, et al.Clonal selection with immune dominance and anergy based multiobjective optimization［J］.Lecture notes in computer science, 2005, 3410(1): 474-489.

［45］ GONG M G, JIAO L CH, DU H F, et al.Multiobjective immune algorithm with nondominated neighbor-based selection［J］. Evolutionary computation, 2008, 16(2): 225-255.

［46］ 李想, 杜劲松.关于多目标优化算法搜索性能优化研究［J］.计算机仿真, 2018, 35(9): 271-276.

［47］ MLUNGISI D, BHEKISIPHO T.Optimising latent features using artificial immune system in collaborative filtering for recommender systems［J］.Applied soft computing, 2018, 71: 183-189.

第4章 求解智能仓储机器人调度问题的改进 NSGA Ⅱ算法

4.1 引 言

近年来，物流行业面临着越来越激烈的竞争，迫使其采用廉价高效的自动机器人代替传统的自动导引车（AGVs）及采用新型智能机器人调度系统，以降低运营成本，提高仓储效率[1]。现代仓储系统已经逐渐向"货到人"的拣选模式转变，使用仓储机器人将货物直接送到拣选台，大幅度提高了作业效率并减轻了工人的劳动强度，从仓储管理的角度来看，在仓库中通过快速运输货物以减少生产和交易周期是非常重要的。因此，研究智能仓储机器人调度系统已经成为当下仓储物流研究的一大热点。

智能仓储机器人调度系统的基本任务是存储、运输和提取货物[2]，因此，任务分配程序需要合理有效地分配任务。在多机器人任务调度过程中，一组任务需要以最优的方式（如分配和执行）进行调度。针对智能仓储机器人调度问题，已经有一些元启发式算法用于处理机器人分配问题：鲸鱼优化算法（WOA）被用来处理智能制造系统中的移动机器人分配问题[3]；基于协同机制和蜂拥算法的超启发式算法被用于解决无人空间中的机器人搜索问题[4]；基于广义图的启发式算法被用于求解机器人运动过程中的动态路径规划问题[5]；元启发式算法为纸箱制造商提供了一个最优的机器人运输策略，用于拥有更多自主机器人的情况[6]；灰狼优化和粒子群优化（PSO-GWO）算法可以解决移动机器人避障问题[7]；动态订单规划算法可以减少智能仓储系统中的订单延迟问题[8]；PSO算法解决了仓库中的垂直拣选问题[9]。

智能仓储系统中任务分配的工作大多仅仅关注单目标最小化，即仅考虑整体时间的最小化，而没有考虑单个自主机器人时间的最小化[10]。为此，根据智能仓库中机器人任务分配的特点,构建了包含两个目标函数的优化问题:一个目标函数是最小化机器人执行任务的总时间,另一个目标函数是最大化单个机器人执行任务的时间[11]。因此,这是一个多目标优化问题,需要同时优化多个目标。同时,随着仓库中订单的增加,智能仓库中多机器人的调度将变得更加困难[12]。

针对智能仓储系统中的任务分配问题,提出了一种利用非支配排序和max-imin适应度函数的新算法。该算法利用非支配排序快速选择解,并采用适应度函数和逐个比较策略保持种群的均匀分布[13-15],最后,使用头脑风暴算子生成新个体[16-18]。在改进算法中,maximin适应度函数可以更好地代替拥挤距离评估同一非支配层中的个体对新种群的贡献,逐个比较策略可以更准确地从候选解中选择更合适的新解,而头脑风暴算子可以优化算子的随机性,使算法不限于局部最优,并且增强算法的全局搜索能力。研究人员最终通过实验验证了该算法解决问题的有效性和可行性,并验证了其处理实际问题的能力。

4.2 智能仓储机器人调度问题描述

4.2.1 问题描述

对于智能仓库,一批货物运送到仓库后,管理者会根据需求向智能仓储系统提供任务列表[19]。智能仓储系统中的任务分配需要做的工作就是将这组任务序列合理地分配给自主机器人。其中,任务分为以下几类:①入库任务,将货物运送到仓库;②运输任务,根据管理者的需要将货物从一个货架移动到另一个货架;③出库任务,将货物运出仓库。

智能仓库平面示意图如图4.1所示,其中排列整齐的外观网格代表货架。架子上的白色单位表明架子是空的,因为它们的上面没有储存的货物。自主机器人在过道中行走,到达货架的位置运输货物。图4.1中,所有货物从右下方进入仓库,从左上方离开仓库。

对于机器人任务分配问题,任务分配模型的两个目标函数分别为最小化机器人执行任务的总时间和最小化单个机器人执行任务的时间。假设智能仓库中有m个完好的机器人可以自由移动,有n个待分配任务,机器人可以分别被分配入库任务、运输任务和出库任务。当机器人完成一系列任务时,会遇到以下几种情况。

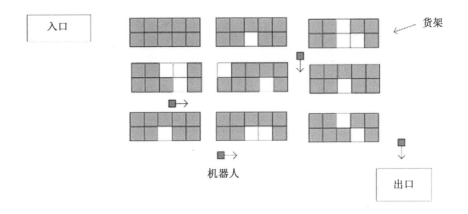

图 4.1　智能仓库平面示意图

对于入库任务和运输任务，假设任务 t_i 的坐标为 (x_i, y_i)。当不考虑任务与任务之间的时间消耗时，机器人执行任务 t_i 的时间消耗为 $TC_{\text{inbound}}(t_i)$。因此，出库任务所需时间 $TC_{\text{outbound}}(t_i)$ 为

$$TC_{\text{outbound}}(t_i) = (|x_i - x_{\text{in}}| + |y_i|) \tag{4.1}$$

入库任务的时间消耗 $TC_{\text{inbound}}(t_i)$ 为

$$TC_{\text{inbound}}(t_i) = (|x_i| + |y_i - y_{\text{out}}|) \tag{4.2}$$

与入库任务和出库任务不同，在运输任务中，假设任务 t_i 需要将货物从 (x_i, y_i) 运输到 (m_i, n_i)，运输任务所需时间可计算公式如下：

$$TC_{\text{trans}}(t_i) = (|x_i - m_i| + |y_i - n_i|) \tag{4.3}$$

在机器人任务调度模型中，除了自主机器人执行任务的时间消耗外，还存在任务间的时间消耗。假设机器人执行任务 t_i 的目的地 (x_i, y_i) 和机器人要执行的下一个任务 z_i 的起点为 (m_i, n_i)，则两个任务之间的时间消耗为

$$C_{\text{between}}(t_i, z_i) = (|m_i - x_i| + |n_i - y_i|) \tag{4.4}$$

因此，多机器人任务分配问题转化为两个目标函数：最大化单个机器人的时间消耗和最小化机器人执行任务的总时间。最大化单个机器人的时间消耗是指在完成任务的机器人中，单个机器人的最大时间消耗（MRC），其计算公式如下：

$$MRC = \max TC_{\text{total}}(r_i)$$

$$TC_{\text{total}}(r_i, S_i) = \sum_{j=1}^{k} TC(t_{i,j}) + \sum_{n=2}^{k} C_{\text{between}}(t_{i,n-1}, t_{i,n}) \tag{4.5}$$

式中，TC_{total} 为机器人 r_i 执行任务序列所消耗的总时间 S_i：$t_{i1} \rightarrow t_{i2} \rightarrow t_{i3} \rightarrow \cdots \rightarrow t_{ik}$；$t_{ik}$ 为第 i_{th} 个机器人执行第 k_{th} 个任务；$C_{between}(t_{i,\,n-1},\,t_{i,\,n})$ 为第 i_{th} 个机器人执行任务时所消耗的时间；k 为第 i_{th} 个机器人执行的任务总数；n 为执行中的第 n_{th} 个任务。

机器人总耗时最小化(MTC)是第二个目标函数，需要最小化机器人执行任务的总时间，其计算公式如下：

$$MTC = \sum_{i=1}^{N} TC_{total}(r_i,\,S_i) \tag{4.6}$$

式中，N 为智能仓库中机器人总数。

由于机器人在仓库中的速度设置为 1 m/s，因此，上述所有时间消耗函数都可以使用曼哈顿距离进行计算。机器人行驶的总距离相当于机器人消耗的总时间。

4.2.2 生成子代

在离散决策变量的迭代优化中，常采用一些特殊的交叉和变异方法形成新的子代。为了解决机器人任务分配问题，本书重新设计了染色体部分，将染色体分为两部分：第一部分是一组任务序列；第二部分包含每个机器人所承担的任务数量，数量之和为任务列表中的任务总数。图 4.2 说明了染色体的第一部分和第二部分的关系。如图 4.2 所示，机器人 1 执行 3 个任务(任务 1 至任务 2)，机器人 2 执行 2 个任务(任务 4 和任务 5)，机器人 3 执行其余任务。

图 4.2 任务分配示例图

对于离散决策变量，传统的交叉和变异算子[20]并不合适。因此，对于这种特殊的染色体，该算法使用了两种交叉算子。对于这两部分染色体，该算法采用顺序交叉[21]和模拟二进制交叉。

变异操作通常可以增加算法的随机探索能力，防止算法陷入局部最优的困境。对于离散的决策变量，可以使用轻微变异来代替多项式变异。轻微变异过程如图 4.3 所示。首先从这些点中选择一个点作为变异点，然后从染色体中选择一个子串，最后将子串插入变异点后面，形成新的染色体串。

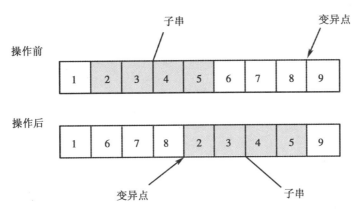

图 4.3　轻微变异过程示例图

4.3　改进 NSGA Ⅱ 算法思路

在近期的研究中，大部分文献研究倾向于基于 Pareto 最优解集处理 MOP，允许算法通过非支配排序和许多改进的基于 Pareto 的方法来不断逼近真实的 Pareto 最优前端[22]。此外，一些种群多样性保护机制保证种群经过非支配排序后在目标空间中保持良好的分布。

4.3.1　构建非支配解集

为了降低 NSGA 中构造非支配解集的高时间复杂度，NSGA Ⅱ 提出了一种新的非支配排序方法为新种群选择解。鉴于 NSGA Ⅱ 在处理 MOP 上的良好性能，本书提出使用这种分层非支配解集构造方案来构造新的种群。

在非支配排序过程中，首先将非支配个体挑选到第一层，然后第二层是从种群中移除第一层个体后得到的非支配个体集合，以此类推。在最终的选择中，首先考虑第一层中的个体，然后考虑第二层中的个体，直到满足新的种群规模。具体细节参见文献[17]。算法 4.1 是构造非支配解集的过程。

算法 4.1 非支配排序

Input：$P($ population $)$

Output：P_1，P_2，$\cdots$，$P_n($ stratification results $)$

(1) $\forall p \in P$，$S_p = 0$，$D_p = \varnothing$，$i = 1$；// S_p denotes the size of set of solutions that dominate p，D_p i S denotes the set of solutions dominated by p

(2) **for** $\forall p \in P$

(3)   **for** $\forall q \in P$

(4)   if$(p > q)$ then $D_p = D_p \cup q$

(5)   elseif$(q > p)$ then $S_p = S_p + 1$

(6)   **end** for q

(7)   if$(S_p = 0)$ then $P_1 = P_1 \cup p$

(8) **end** for p

(9) **while**$(P_i \neq \varnothing)$// P_i indicates the number of non−dominated layers

(10) $\{Pop = \varnothing$；

(11)   for $\forall p \in P_i$

(12)   for $\forall q \in s_p$，$n_q = n_q - 1$；

(13)   if$(n_q = 0)$ $Pop = Pop \cup q$

(14)   end for p

(15) $i = i + 1$；

(16) $P_i = Pop$；

(17) **end** for while

(18) **end**

(19) **return** P_1，P_2，$\cdots$，P_n

4.3.2　maximin 适应度函数

在多目标优化的不断发展过程中，一些适应度函数作为评价种群中个体的指标，其中 maximin 适应度函数以其自身的特点被应用到多目标优化中。其计算公式如下：

$$fitness^i = \max_{j \neq i} \left\{ \min_k \{ f_k(x_i) - f_k(x_j) \} \right\} \qquad (4.7)$$

式中，k 为从 1 到 m 的目标；i 为第 i_{th} 个个体；j 为除第 i_{th} 个个体以外的任一个体。

Maximin 适应度函数的性质如下[23]。

（1）Maximin 适应度函数可以反映个体之间的支配关系。maximin 适应度值大于、等于、小于零分别表示种群中的被支配个体、弱支配个体、非支配个体。

（2）Maximin 适应度函数反映了个体周围是否存在聚类，如图 4.4 所示。

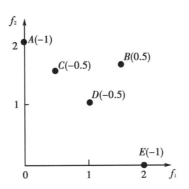

图 4.4　maximin 适应度函数的性质

（3）Maximin 适应度函数可以用来反映被支配个体和非支配前沿之间的关系（见图 4.4）。

4.3.3　逐个比较策略

个体对种群的贡献可以通过 maximin 适应度函数进行有效评估。然而，如果仅使用 maximin 适应度函数来选择合适的个体，那么在选择过程中可能会遇到等价选择困境，即部分个体具有相等的 maximin 适应度，而无法从中选择出更优的个体，这时就需要使用逐个比较的策略从这些个体中选择出更优的个体。图 4.5 展示了使用逐个比较策略进一步选择个体的过程[24]。

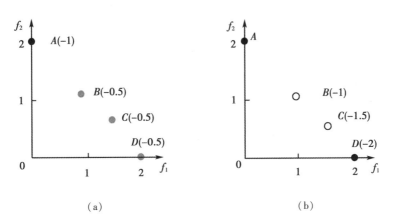

（a）　　　　　　　　　　　　（b）

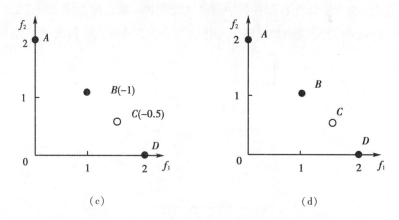

（c）　　　　　　　　　　　　　　（d）

图 4.5　采用逐个比较策略求解等价类选择问题的过程

借助逐个比较策略，可以有效地解决等价选择问题。假设从图 4.5 中的 4 个个体中选择 3 个个体。首先，利用 maximin 适应度函数对这些个体进行评价，从这些个体中选择具有最小值的 A 成为第一个候选个体；其次，通过 maximin 适应度函数从剩余个体中继续选择个体，将个体 D 选入新种群；然后，将个体 B 和 C 与新种群通过 maximin 适应度函数进行比较，选择个体 B 加入新种群；最后，新种群由个体 A，B，D 组成。从图 4.5 中可以看出，所选择的个体分布均匀。

4.3.4　头脑风暴算子

与大多数多目标算法不同，本书使用头脑风暴算子作为选择父代的策略，增加了算法在探索方面的能力，使其不易陷入局部最优。算法 4.2 演示了算子实现过程。

算法 4.2 头脑风暴算子(P, S)

（1）Objective normalization(P)

（2）**for** $i=1$：$S-1$

（3）**Clustering**：Dividing the population into m clusters using the k-means method.

（4）$p_{gen}=$ rand$(0, 1)$

（5）**if** $p_{gen} < p_{fixed}$

（6）$p_{one}=$ rand$(0, 1)$ // Select a random cluster from m clusters

（7）　**if** $p_{one} < p_{one\text{-}fixed}$ // $p_{one\text{-}fixed}$ is a predetermined value

（8）　Select the clustering center and the individual Pop_i as parent generation of population

（9）　**else**

（10）　Select a random individual and the individual Pop_i as parent generation of population

（11）　**end**

（12）**end**

（13）Compare the newly generated individuals with the present ones by maximin function, where the better one is preserved.

（14）**end**

4.4　MB-NSGA Ⅱ算法流程

综合选择算法的流程和框架如算法 4.3 所述。首先，随机初始化种群 P，并利用头脑风暴算子对父代种群进行聚类；其次，根据适宜的条件选择合适的染色体，作为父代染色体并通过交叉和变异产生新的种群 Q；然后，父代 P 和子代 Q 结合形成 P'；最后，通过综合选择再生新种群。以上步骤循环，直至 MAX_Fitness 评价达成。MB-NSGA Ⅱ的一般框架如算法 4.4 所示。

算法 4.3 综合选择（Off, S）

Input：Off(Offspring population), S (population size)

Output：：Pop (new population)

（1）P_1, P_2, $\cdots$, P_n =**Nondominated sorting**(Off)

（2）$Pop = \varnothing$；

（3）if $n = 1$

（4）Pop =**One-by-one comparison strategy**(Off, z^*, S)；

（5）else

（6）**while** m

（7）　　$Pop = Pop \cup P_i$

（8）$i = i + 1$

（9）**end for while**

（10）P_s =**One-by-one comparison strategy**(S_i, Pop, S-|Pop|)；

（11）$Pop = P'' \cup P_s$

（12）**end for if**

（13）**return** Pop

算法 4.4 MB-NSGA Ⅱ 的一般框架

（1）Initialization：Initial population P containing N randomly individuals

（2）**while** *Fitness Evaluations < MAX_Fitness Evaluations* **do**

（3）$Q =$ **Brain Storm Operator**(P, S)

（4）*Off* $= P \cup Q$

（5）*Pop* $=$ **Comprehensive _Selection**(*Off*, S)；

（6）**end for while**

（7）**return** *Pop*

4.4.1 标准化

在多目标进化算法中，标准化可以有效解决不同目标取值范围大小不一的问题[25]。其计算公式如下：

$$f'_m(x) = \frac{f_m(x) - z_m^{\text{lower}}}{z_m^{\text{upper}} - z_m^{\text{lower}}}$$

（4.8）

式中，z_m^{lower} 为第 m_{th} 个目标函数的下界；z_m^{upper} 为第 m_{th} 个目标函数的上界；m 为第 m_{th} 个目标函数，且 $m \in \{1, 2, \cdots, M\}$。

4.4.2 综合选择

如算法 4.3 所示，综合选择包含以下步骤。首先，对种群 Pop 进行非支配排序，将种群 Pop 划分为从 1 到 Pop 的层。若只有一层非支配层，则计算种群与理想点的 maximin 适应度值，逐个选择个体进入新种群。从第 1 层开始逐层选择个体，直到满足新的种群规模。当进行到第 i 层时，如果预先确定的 S 小于第 i_{th} 层的个体数，那么采用逐个比较策略（算法 4.3 第 10 行）选择 P_s，最后将 P_s 与 Pop 合并得到新种群 Pop。

4.4.3 逐个比较策略

逐个比较策略如算法 4.5 所示。采用逐个比较策略对处于同一阶层的个体进行比较，从中选出个体的子集。首先，令 P_n 为空。然后，种群的各个目标利用式（4.7）对 P'' 进行标准化处理。若 S 的种群规模大于 *size*，则使用 maximin 适应度函数比较 P_n 中个体的适应度值，从中选择最小的 maximin 适应度的个体加入 MF，以此类推，直到 P_n 达到新的种群规模。

算法 4.5 逐个比较策略

Input：S：individuals in stratum I，P''：new population，$size$：number of individuals needed for new population

Output：P_s：the set of individuals provided to the new population

(1) $P_n = \varnothing$；

(2) Objective normalization(Q)；

(3) **if** $|S| > size$

(4)　 **for** $i = 1$：$size-1$

(5)　　 $MF = \mathrm{argmin}_{i=\{1,2,\cdots,|S|\}}\{fitness^i\}$；//individual with minimal maximin fitness between individuals in S_i and the new population P

(6)　　 $P_n = P_n, \leqslant MF$；

(7)　　 **end for**

(8) **end if**

(9) **Return** P_s

4.5　应用实例分析

为了验证改进算法的性能，本节包含两部分内容：一是讨论并分析了 MB-NSGA Ⅱ在基准测试集上的有效性；二是介绍了如何使用提出的改进算法解决智能仓库中的实际问题。

4.5.1　基准实验结果

本节在基准测试集 DTLZ[26] 和 ZDT[27] 上提供了 MB-NSGA Ⅱ与另外两个最先进的多目标算法 NSGA Ⅱ和 IBEA 的实验结果。在 DTLZ 上，每个测试实例在 2，3，5 目标上进行实验；在 ZDT 上，实验在 2 目标上运行。每个算法在每个测试问题上均需要运行 20 次。

4.5.2　ZDT 和 DTLZ 的结果与讨论

ZDT 测试集包含 6 个具有不同特征的测试实例，每个测试实例包含一个特征，该特征会导致算法在优化过程中难以收敛(如多模态性)。通过这些测试实例，可以分析出算法在哪些问题上更胜一筹。DTLZ 通过系统化的方法设计问题，其决策变量和目标具有可扩展性，便于算法在求解 MaOP 中进行实验。DTLZ 通过引入可管理的困难，增加了测试问题的难度，便于算法对任意数量目标的测试问题进行实验。为了更充分地验证几种对比算法在求解多目标优化问题时的有效性，本书选择在 2，3，5 目标上进行实验。表 4.1 中的 M 表示目标数。决策变量的个数设定如表 4.1 所示，具体参见文献[26]和文献[27]。

表 4.1　决策变量的设定

算例	决策变量数
ZDT1-3	30
ZDT4，6	10
ZDT5	80
DTLZ1	M^{+4}
DTLZ2-4	M^{+9}

为了更直观地反映算法在基准测试实例上的能力，选择综合评价指标 HV 和 IGD 作为判断算法性能的依据。这两个指标的度量由不同的公式组成，因此，算法得到的最终种群可以从不同的角度进行评估。具体计算公式及详细描述见文献[28]和文献[29]。

4.5.3　实验设置

（1）种群规模和终止条件：对于 2，3 目标的 DTLZ，使用规模为 100 的种群；对于 5 目标的 DTLZ，使用规模为 200 的种群；对于 ZDT，为三种算法选择了大小为 100 的种群；对于 DTLZ1-4 和 ZDT1-6，算法在 500 代后结束。

（2）交叉和变异：本实验采用二进制交叉和多项式变异作为交叉和变异算子。设定 1.0 为交叉概率，$1/D$（D 为决策变量个数）为变异概率。

（3）指标选取：对于 IBEA，选取 I_ε^+ 作为评价个体优劣的绩效指标[30]。

4.5.4　实验结果分析

MB-NSGA Ⅱ，NSGA Ⅱ，IBEA 在几种 DTLZ 和 ZDT 上的对比数据见表 4.2 至表 4.5。这些表展示了这些对比算法在基准测试问题上的 IGD 和 HV 指标均值及标准差，并突出了在这些测试问题上效果最好的算法。进行实验时的标准差分析采用了显著性水平为 0.05 的 Wilcoxon 秩和检验。符号"+""−""="分别表示对比算法与 MB-NSGA Ⅱ 相比显著变好、显著变差或无显著差异。

表 4.2　IGD 指标在几种 ZDT 上的实验结果

算例	M	NSGA Ⅱ	IBEA	MB-NSGA Ⅱ
ZDT1	2	4.7879E-3(1.31E-4)-	4.0901E-3(1.01E-4)-	3.9627E-3(6.92E-5)
ZDT2	2	4.9504E-3(2.24E-4)+	8.4212E-3(7.74E-4)-	5.3033e-3(1.32E-4)
ZDT3	2	5.4102E-3(1.31E-4)-	1.6020E-2(8.05E-4)-	5.0404E-3(1.24E-4)
ZDT4	2	5.0667E-3(4.10E-4)+	2.2761E-2(1.59E-2)-	6.3474E-3(2.30E-4)
ZDT5	2	5.1086E-1(8.31E-2)+	1.8513E+0(4.39E-1)=	1.6594E+0(7.13E-1)
ZDT6	2	3.7200E-3(1.20E-4)=	4.4425E-3(1.14E-4)-	3.7006E-3(5.32E-5)

表 4.3　IGD 指标在几种 DTLZ 上的实验结果

算例	M	NSGA Ⅱ	IBEA	MB-NSGA Ⅱ
	2	2.2068E-3(7.35E-5)-	7.9965E-2(7.99E-3)-	2.0230E-3(5.45E-5)
DTLZ1	3	2.8447E-2(1.33E-3)-	1.6616E-1(2.51E-2)-	2.2376E-2(3.68E-4)
	5	1.7146E-1(1.25E-1)-	1.8372E-1(2.16E-2)-	5.1833E-2(3.37E-4)
	2	5.0483E-3(1.75E-4)+	1.6671E-2(1.60E-3)-	8.5238E-3(2.92E-4)
DTLZ2	3	7.3058E-2(2.57E-3)=	8.4162E-2(2.51E-3)-	7.3973E-2(1.57E-3)
	5	2.0563E-1(4.67E-3)-	1.9251E-1(1.54E-3)-	1.7906E-1(2.44E-3)
	2	7.1268E-3(1.39E-3)+	3.3913E-1(8.73E-3)-	9.8870E-3(1.10E-3)
DTLZ3	3	1.4200E-1(2.06E-1)=	4.7891E-1(4.51E-3)-	7.8834E-2(2.64E-3)
	5	7.5535E-1(7.31E-1)-	5.9365E-1(9.76E-3)-	1.8301E-1(2.58E-3)
	2	1.5241E-1(3.11E-1)-	4.5174E-1(3.75E-1)-	8.1849E-2(2.32E-1)
DTLZ4	3	1.5811E-1(2.77E-1)+	8.2918E-2(2.68E-3)=	2.6157E-1(2.41E-1)
	5	2.0630E-1(3.41E-3)-	2.1267E-1(7.27E-2)-	1.8232E-1(1.93E-3)

表 4.4　HV 指标在几种 DTLZ 上的实验结果

算例	M	NSGA Ⅱ	IBEA	MB-NSGA Ⅱ
	2	5.8121E-1(3.60E-4)-	3.9969E-1(1.87E-2)-	5.8162E-1(3.86E-4)
DTLZ1	3	8.2082E-1(5.02E-3)-	4.7837E-1(5.50E-2)-	8.3698E-1(1.86E-3)
	5	6.9302E-1(3.39E-1)-	7.5172E-1(4.51E-2)-	9.7599E-1(1.40E-3)

表4.4(续)

算例	M	NSGA Ⅱ	IBEA	MB-NSGA Ⅱ
DTLZ2	2	3.4654E−1(1.97E−4)−	3.4613E−1(2.17E−4)−	3.4731E−1(1.09E−4)
	3	5.2551E−1(3.99E−3)−	5.5477E−1(1.48E−3)−	5.5689E−1(9.61E−4)
	5	6.7753E−1(7.73E−3)−	8.0904E−1(1.36E−3)+	8.0024E−1(2.49E−3)
DTLZ3	2	3.4146E−1(2.73E−3)=	1.6879E−1(3.86E−3)−	3.4251E−1(2.27E−3)
	3	4.5747E−1(1.56E−1)−	2.3645E−1(9.09E−3)−	5.4725E−1(3.20E−3)
	5	4.0235E−1(3.46E−1)−	3.8077E−1(6.39E−3)−	8.0179E−1(4.10E−3)
DTLZ4	2	2.9554E−1(1.08E−1)=	1.9305E−1(1.32E−1)−	3.2164E−1(8.11E−2)
	3	4.8619E−1(1.39E−1)=	5.5574E−1(9.75E−4)=	4.7330E−1(1.09E−1)
	5	6.8256E−1(8.53E−3)−	8.0150E−1(2.60E−2)=	8.0780E−1(1.73E−3)

表 4.5　HV 指标在几种 ZDT 上的实验结果

算例	M	NSGA Ⅱ	IBEA	MB-NSGA Ⅱ
ZDT1	2	7.1925E−1(1.76E−4)−	7.2017E−1(1.36E−4)−	7.2031E−1(8.51E−5)
ZDT2	2	4.4399E−1(2.03E−4)−	4.4410E−1(1.58E−4)−	4.4485E−1(6.70E−5)
ZDT3	2	5.9938E−1(8.34E−5)−	5.9816E−1(1.17E−4)−	5.9973E−1(4.53E−5)
ZDT4	2	7.1800E−1(1.09E−3)=	7.0312E−1(9.85E−3)−	7.1735E−1(5.54E−4)
ZDT5	2	8.1676E−1(1.20E−2)=	8.1119E−1(9.16E−3)	8.1451E−1(3.26E−4)
ZDT6	2	3.8826E−1(1.18E−4)=	3.8766E−1(1.17E−4)−	3.8832E−1(5.60E−5)

在表4.2和表4.3中，MB-NSGA Ⅱ在 DTLZ 测试问题和 ZDT 测试问题上均表现突出，在18个测试实例中有11个测试实例排名第一，且在其他测试实例上也具有竞争力。尤其是在 DTLZ1 上对于2，3，5目标都取得了最好的成绩，在 DTLZ3 上对于2目标问题也排名第一。当然，NSGA Ⅱ也有不错的效果，在6个问题上都取得了最好的结果。表4.3中，MB-NSGA Ⅱ在8个测试问题上表现排名第一，而 NSGA Ⅱ值在3个问题上取得了较好的效果。由此可以看出，MB-NSGA Ⅱ在超平面 *PF* 的 DTLZ1 上的所有测试问题上都取得了最好的结果，比 NSGA Ⅱ有了明显的改进。在 DTLZ2 上，MB-NSGA Ⅱ在5目标上取得了最好的结果，这也证明了在高维目标空间中，maximin 聚集函数的有效性。对于容易陷入局部最优且难以收敛到全局最优的 DTLZ3，MB-NSGA Ⅱ在除2目标

外的 3 个测试问题上都取得了最好的结果。在 DTLZ4 上，修改 DTLZ2 函数后得到的 MB-NSGA Ⅱ在 2 目标和 5 目标上取得了最好的结果。表 4.4 和表 4.5 给出了算法在 HV 指标下的结果。MB-NSGA Ⅱ在大多数测试实例上都有出色的表现。由此可以看出，利用 maximin 聚集函数对种群进行评价的有效性。当然，IBEA 和 NSGA Ⅱ在少数问题上也取得了第一名。表 4.2 至表 4.5 中的结果也证明 MB-NSGA Ⅱ中使用的策略相比 NSGA Ⅱ是有效的。

4.5.5　任务分配模型的结果与讨论

为了验证算法解决现实问题的能力，本书构建了仓库中的机器人指派问题，并使用算法 MB-NSGA Ⅱ进行求解。对智能仓库的情况进行了补充，首先设置了一个二维坐标系，仓库的出库门坐标为 $(0, 100)$，仓库的入库门坐标为 $(100, 0)$。智能仓库具有一定数量的处于完好状态的自主机器人和 1 m/s 的等速运送速度。仓库中所有要执行的任务都是随机产生的。为了统一比较，我们将被比较算法的种群数量设置为 500，终止条件设置为 200 代[31]。

为了充分验证算法在求解任务调度模型时的性能，假设用 5 个或 10 个机器人求解 100 个随机生成的任务，使用 10 个或 20 个机器人求解 500 个随机生成的任务。

对于现实的多目标优化问题，我们通常使用综合性能指标 HV 来衡量算法的优劣。以 HV 为指标，选取每个目标上的最大值作为参考点。在现实世界多目标优化问题中，我们分别选取每个目标上可以达到的最大值，HV 指标的具体细节可以在文献[28]中找到。表 4.6 和表 4.7 分别给出了算法在 100 个和 500 个任务上可以获得的 HV 指标值。从表 4.6 和表 4.7 中可以看出，MB-NSGA Ⅱ在所有任务上都获得了最大的 HV 指标值，即 MB-NSGA Ⅱ得到的种群具有更好的收敛性和分布性。以上实验能够证明，MB-NSGA Ⅱ可以为管理者提供更好的解。

表 4.6　机器人执行 100 次任务时 HV 指标的实验结果

机器人数量	IBEA	NSGA Ⅱ	MB-NSGA Ⅱ
5	0.1379	0.1426	0.1445
10	0.2514	0.2341	0.2549

表 4.7　机器人执行 500 次任务时 HV 指标的实验结果

机器人数量	IBEA	NSGA Ⅱ	MB-NSGA Ⅱ
10	0.1388	0.1374	0.1452
20	0.1805	0.1804	0.1853

表 4.8 和表 4.9 分别给出了 5 个机器人求解 100 个任务和 10 个机器人求解 500 个任务时机器人的平均耗时。由于每个机器人以 1 m/s 的速度运行，其平均运行距离也可以用表 4.8 和表 4.9 表示。从表中可以看出，各机器人的时间消耗接近，实现了负载均衡。图 4.6 显示了机器人执行 100 次任务和 500 次任务时的平均耗时。

表 4.8　使用 5 个机器人完成 100 个任务时机器人的平均耗时

机器人数量	IBEA	NSGA Ⅱ	MB-NSGA Ⅱ
Robot 1	3429.3	3358.3	3424.3
Robot 2	3589.9	3705	3719.2
Robot 3	3524.4	3520.3	3418.6
Robot 4	3424.3	3103.9	3031.7
Robot 5	3316.4	3301.3	3128

表 4.9　使用 10 个机器人完成 500 个任务时机器人的平均耗时

机器人数量	IBEA	NSGA-Ⅱ	MB-NSGA Ⅱ
Robot 1	8894.5	9296.3	8227.2
Robot 2	8677.2	8882.1	8693.7
Robot 3	8516.5	7974.5	8681.3
Robot 4	8094.8	7616.1	7594.8
Robot 5	9015.4	8169	8170.3
Robot 6	7878	7454.1	7684.7
Robot 7	8511.7	7680.7	7364.1
Robot 8	8244.3	8189.8	9170
Robot 9	8665.4	9522.6	9233.9
Robot 10	8739.7	8210	8620.1

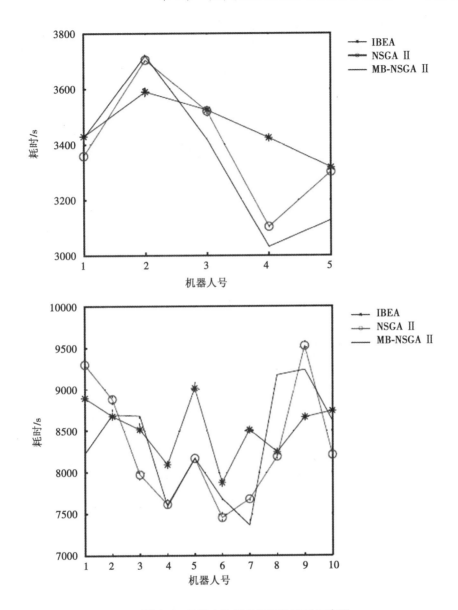

图 4.6 机器人执行任务平均耗时示意图

4.6 本章小结

本章针对智能仓储系统中的机器人任务分配问题，提出了相应的数学模型，并采用基于非支配排序和 maximin 适应度函数的 MB-NSGA Ⅱ算法进行求

解，同时使用头脑风暴算子提高种群的多样性。MB-NSGA Ⅱ在 DTLZ 和 ZDT
测试集上进行了验证，在求解机器人任务分配的实际多目标优化问题上取得了
令人满意的结果。

参考文献

[1]　YAO X, CHENG Y Y, ZHOU L, et al.Green efficiency performance a-
nalysis of the logistics industry in China：based on a kind of machine learning meth-
ods[J].Annals of operations research, 2022, 308(1/2)：727-752.

[2]　BARENJI R V, BARENJI A V, HAHSEMIPOUR M.A multi-agent
RFID-enabled distributed control system for a flexible manufacturing shop[J].Inter-
national journal of advanced manufacturing technology, 2014, 71 (9/10/11/12)：
1773-1791.

[3]　PETROVIYĆ M, MILIJKOVIĆ Z, JOKIĆ A.A novel methodology for opti-
mal single mobile robot scheduling using whale optimization algorithm[J].Applied
soft computing, 2019, 81：123-134.

[4]　FUJII N, INOUE R, TAKEBE Y, et al.Multiple robot rearrangement
planning using a territorial approach and an extended project scheduling problem sol-
ver[J].Advanced robotics, 2010, 24(1/2)：103-122.

[5]　ELMI A, TOPALOGLU S.Multi-degree cyclic flow shop robotic cell
scheduling problem with multiple robots[J].International journal of computer integrat-
ed manufacturing, 2017, 30(8)：805-821.

[6]　MOSALLAEIPOUR S,NEJAD M G,SHAVARANI S M,et al.Mobile robot
scheduling for cycle time optimization in flow-shop cells, a case study[J].Production
engineering, 2018, 12(1)：83-94.

[7]　NASTASI G, COLLA V, CATENI S, et al.Implementation and compari-
son of algorithms for multi-objective optimization based on genetic algorithms applied
to the management of an automated warehouse[J].Journal of intelligent manufactur-
ing, 2018, 29(7)：1545-1557.

[8]　XING B, GAO W J, NELWAMONDO F V, et al, Ant colony optimiza-
tion for automated storage and retrieval system[C]//2010 IEEE Congress on Evolu-
tionary Computation, Barcelona, Spain, 2010：1-7.

［9］　CHEN X, LI Y J, LIU L T.A coordinated path planning algorithm for multi-robot in intelligent warehouse［C］∥IEEE International Conference on Robotics and Biomimetics：ROBIO 2019, Dali, China, 2019：2945-2950.

［10］　LI Z, BARENJI A V, JIANG J, et al.A mechanism for scheduling multi robot intelligent warehouse system face with dynamic demand［J］.Journal of intelligent manufacturing, 2020, 31(2)：469-480.

［11］　MA L, WANG X, WANG X, et al.TCDA：truthful combinatorial double auctions for mobile edge computing in industrial internet of things［J］.IEEE transactions on mobile computing, 2021：306-314.

［12］　MA L, HUANG M, YANG S,et al.An adaptive localized decision variable analysis approach to large-scale multiobjective and many-objective optimization ［J］.IEEE transactions on cybernetics, 2021, 304：12-19.

［13］　HARIGA M A, JACKSON P L.The warehouse scheduling problem：formulation and algorithms［J］.IIE transactions, 1996, 28(2)：115-127.

［14］　ISHIBUCHI H, TSUKAMOTO N, NOJIMA Y.Evolutionary many-objective optimization：a short review［C］∥2008 IEEE Congress on Evolutionary Computation, Hong Kong, China, 2008：2419-2426.

［15］　MA L B, LI N, GUO Y N, et al.Learning to optimize：reference vector reinforcement learning adaption to constrained many-objective optimization of industrial copper burdening system［J］.IEEE transactions on cybernetics, 2022, 52(12)：2168-2267.

［16］　BATISTA L S, CAMPELO F, GUIMARAES F G, et al.A comparison of dominance criteria in many-objective optimization problems［C］∥2011 IEEE Congress of Evolutionary Computation, New Orleans, Louisiana, United States, 2011：2359-2366.

［17］　DEB K, PRATAP A, AGARWAL S, et al.Meyarivan, A fast and elitist multiobjective genetic algorithm：NSGA-Ⅱ［J］.IEEE transactions on evolutionary computer, 2001, 6(2)：182-197.

［18］　SHI Y H.Brain storm optimization algorithm［C］∥Advances in Swarm Intelligence, p.I, 2011：303-309.

［19］　GU J, GOETSCHALCKX M, MCGINNIS L F.Research on warehouse design and performance evaluation：a comprehensive review［J］.European journal of operational research，2010，203（3）：539-549.

［20］ DEB K，AGRAWAL R B.Simulated binary crossover for continuous search space［J］.Complex Systems，1995，9（2）：115-148.

［21］ DEB K，GOYAL M.A combined genetic adaptive search（GeneAS）for engineering design［J］.Computer science and informatics，1996，26：30-45.

［22］ MA L B，CHENG S H，SHY Y H.Enhancing learning efficiency of brain storm optimization via orthogonal learning design［J］.IEEE transactions on systems，man，and cybernetics：systems，2021，51（11）：6723-6742.

［23］ MENCHACA-MENDEZ A，COELLO COELLO C A.MD-MOEA：a new MOEA based on the maximin fitness function and euclidean distances between solutions［C］∥ 2014 IEEE Congress on Evolutionary Computation，Beijing，China，2014：2148-2155.

［24］ LIU Y P，GONG D W，SUN J，et al.A many-objective evolutionary algorithm using a one-by-one selection strategy［J］.IEEE transactions on cybernetics，2017，47（9）：2689-2702.

［25］ MA L B，WANG X W，HUANG M.Two-level master-slave RFID networks planning via hybrid multiobjective artificial bee colony optimizer［J］.IEEE transactions on systems，man，and cybernetics：systems，2019，49（5）：861-880.

［26］ DEB K，THIELE L，LAUMANNS M，et al.Scalable test problems for evolutionary multiobjective optimization［J］.Evolutionary multiobjective optimization，2005：105-145.

［27］ ZITZLER E，DEB K，THIELE L.Comparison of multiobjective evolutionary algorithms：empirical results［J］.Evolutionary computation，2000，8（2）：173-195.

［28］ WHILE L，HINGSTON L，BARONE S，et al.A faster algorithm for calculating hypervolume［J］.IEEE transactions on evolutionary computation，2006，10（1）：29-38.

［29］ COELLO COELLO C A，LAMONT G B，VELDHUIZEN D A V.Evolutionary algorithms for solving multi-objective problems［M］.New York：Springer Science+Business Media LLC，2007.

［30］　ZITZLER E, KÜNZLI S. Indicator-based selection in multiobjective search［C］//Parallel Problem Solving from Nature PPSN Ⅷ, Birmingham, England, 2004: 832-842.

［31］　YANG S J, ZHANG Y CH, MA L B, et al. A novel maximin-based multi-objective evolutionary algorithm using one-by-one update scheme for multi-robot scheduling optimization［J］.IEEE access, 2021, 9(1): 121316-121328.

第 5 章 基于范数 *P* 的 maximin 适应度排序多目标进化算法

5.1 引 言

多目标优化问题普遍存在于科学研究、工业生产及金融投资等各个领域。在这类问题中，多个优化目标需要同时进行优化，且各个目标之间存在一定的冲突性[1-2]，即一个目标性能的提升会导致其他相应冲突目标性能的退化。因此，MOP 不存在唯一解使所有目标同时达到最优，需要利用 Pareto 最优解集平衡各个目标的性能。

假设 Ω 是 m 维目标空间（即 $\Omega \in \mathbf{R}^m$），对于 $x \in \Omega$，$F(x) = \{f_1(x) : 1 \leq i \leq m\}$ 是 m 个目标函数的集合，当 $m = 2$ 或 3 时，问题模型为

$$\underset{x}{\text{minimize}} F(x) = \{f_1(x), \cdots, f_m(x)\}$$

$$\text{subject to } x \in \Omega \tag{5.1}$$

当 $m > 3$ 时，称为高维多目标优化问题（MaOP）。在这种 MaOP 中，给定 x，$y \in \Omega$，若 $\forall i \in [1, m]$，$f_i(x) \leq f_i(y)$ 且 $\exists i \in [1, m]$，$f_i(x) \leq f_i(y)$，则称 x 支配 y，即 $x \succ y$[3-5]。一个解 x^* 称为 Pareto 最优解或非支配解，如果不存在 $x \in \Omega$ 使得 $x \succ x^*$，由于这些目标（即 $f_i(x)$，$1 \leq i \leq m$）相互冲突，所以没有单一的解决方案可以同时满足它们，但一组可能的最佳权衡（即不同目标之间的 Pareto 最优解）在某种意义上可以做到这一点。这组 Pareto 最优解被称为 Pareto 最优解集 *PS*。Pareto 最优域 *PF*，即目标空间中所有 *PS* 的图像集，对优化器具有实际意义[4-5]。求解 MaOP 的目标是找到一组收敛性好、多样性高的 Pareto 最优解[6-7]。

多目标进化算法，如 NSGA Ⅱ[6] 和 SPEA2，在各种多目标优化问题中都充

分显示了其在获得理想的 PS 方面的优势。然而，它们在处理 MaOP 时表现较差[8]，其原因如下。首先，随着目标数量的增加[9]，种群中非支配解的比例呈指数增长，这种情况导致了 Pareto 支配解的不可比性，这就是所谓支配阻力（DR）问题[10]。其中基于 Pareto 的适应度函数失去了判别潜力，从而减缓了搜索过程。事实上，对于一个 m 个目标的 MaOP，2 个解具有可比性的概率为 $1/2^{m-1}$[5, 11]，当 $m=2$ 时，概率等于 0.5。但是，对于 15 个目标而言，概率已经下降到 0.00003。在这种情况下，种群中的大多数解，包括在一个或极少数目标中最好但在其他目标中很差的解，具有相同的 Pareto 等级，不能被原来的 Pareto 占优区分。其次，实施基于多样性的二次选择措施，一旦基于 Pareto 的适应度函数不能发挥作用，就必须被激活，不会驱动种群收敛到 PF，而是停滞在远离它的地方[12]，这被称为主动多样性促进（ADP）问题[11, 13]。Purshouse 等人[13]研究了基于多样性的方法对多目标进化算法性能的影响，实验证明，这些方法可以提高获得解的多样性，但降低了收敛性能。

为了解决上述问题，出现了许多改进的 MOEA 以应对 MaOP[14-16]。例如，为了扩大非支配解的支配区域，设计了很多松弛的 Pareto 最优方法，如 ε-支配[17-18]、α-支配[19]、CDAS-支配[20-21]、$(1-k)$-支配[22]、L-支配[23]等[24-25]。这些支配方法可以应对 DR 问题的负面影响。此外，一些多样性管理方法被提出来处理 ADP 问题，如 DM1[26]、GrEA[27]、SDE[8]和 NSGA Ⅲ[9]。具体来说，DM1 旨在根据获得解的分布情况自适应激活多样性提升阶段；在 GrEA 中，基于网格的支配性和度量与适应度调整策略一起使用，以增强求解 MaOP 时的多样性和收敛性能。

解决 DR 问题的另一种有效方法是基于指标的算法，即使用性能指标来评估多目标解的适应度值[28]。典型的指标包括 $I_{\varepsilon+}$[28]、HV[29]、R2[30]、Δp[31]、α 等，它们已被用于 MOEA 的适应度函数。特别地，HV 是反映多目标搜索空间中解的多样性和收敛性程度的一个流行的质量指标，它严格单调于 Pareto 占优规则[32]。

除上述方法外，基于聚集的方法在高维搜索空间中的解判别方面表现出了很好的优势。在该方法中，可以使用各种聚集函数（如加权和 Tchebycheff[33]），将 MaOP 分解为多个子问题，并以协作的方式进行优化。MOEA/D[33]是这类算法中最著名的算法，并衍生出许多变体，如 MOEA/DD[34]、MOEA/D-b[35]和 RVEA[36]。这些算法在处理 MOP 和 MaOP 时都获得了优异的性能。在这些算法中，预设了一组参考向量来引导种群向 PF 进化[37]。然而，这类算法的性能对参考向量的分布非常敏感[33]，一旦分布不符合 PF 形状，算法就无法找到满意的解，尤其是在处理不规则 PF 时。例如，对于不连续且退化的 PF 问题，MOEA/D 无法保证子问题参考向量与 PF 交点的均匀性[5]，这将导致性能不佳。而且，随着目标的增加，在算法中利用有限的计算资源管理不断增加的参考向量是一项较困难的任务[15]。

鉴于上述情况，本书考虑一种新的基于聚集的评估方法，使用聚集成对比较（APC）代替单个目标值评估高维目标解。该方法不需要任何权重向量或参考信息的支持。相关研究结果[38-39]表明，与种群中其他解的两两比较结果有助于评估多/超多目标解在多样性和收敛性方面的质量。直观地说，利用基于 APC 信息的可调聚集方法有可能成为解决 MaOP 的另一个有前景的途径。Balling 和 Wilson[40] 介绍了这种方法，称为 maximin 函数。Menchaca-Mendez 和 Coello Coello[41-42]证明了基于 MOEA 的 maximin 函数在 MOP 和 MaOP 上都有很强的性能。此外，maximin 函数的计算复杂度与目标个数呈线性关系，这使得该方法更适合求解 MaOP。

5.2　问题描述

5.2.1　问题模型

对于一个 MOP（MaOP）问题，首先给出如下基本定义。

定义 5.1　称 x 为 Pareto 支配 y，即 $x \prec y$，当且仅当对所有 $i \in \{1, \cdots, m\}$ 都有 $f_i(x) \leqslant f_i(y)$，且存在 $i \in \{1, \cdots, m\}$ 使得 $f_i(x) < f(y)$。x 弱 Pareto 支配 y，当且仅当对所有 $i \in \{1, \cdots, m\}$ 都有 $f_i(x) \leqslant f(y)$。x 强 Pareto 支配 y，当且仅当对所有 $i \in \{1, \cdots, m\}$ 都有 $f_i(x) < f(y)$。

定义 5.2　一个解 $x^* \in \Omega$ 是 Pareto 最优的，若不存在任何 $x \in \Omega$ 使得 $x \prec x^*$，则所有 Pareto 最优解的集合即 Pareto 最优解集 PS。定义 Pareto 最优前沿为 $PF = \{f(x) \in \mathbf{R}^m | x \in PS\}$。

定义 5.3　理想目标向量为 $z^* = (z_1^*, \cdots, z_m^*)$，其中 z_1^* 为 $f_i(x)$ 对每个 $i \in \{1, \cdots, m\}$ 的下确界。

定义 5.4　一个最低点目标向量为 $z^{nad} = (z_1^{nad}, \cdots, z_m^{nad})$，其中 z_i^{nad} 为每个 $i \in$

$\{1, \cdots, m\}$ 的 $f_i(x)$ 的上确界。

定义 5.5　对于给定的 M2F-p, 若 u 的 M2F-p 值优于 x, 则称解 x 优于另一个解 y, 记为 $x <_{M2F} y$。

定义 5.6　对于给定的 M2F-p, 定义 x 的 M2F-支配区域为 $\mathcal{X}(x) = \{f(x') \in \mathbf{R}^m | x <_{M2F} x'\}$ 和 x 的改进区域定义为 $\gamma(x) = \{f(x') \in \mathbf{R}^m | x' <_{M2F} x\}$。

5.2.2　基于聚集两两比较的方法

大多数基于聚集的算法, 如 MOEA/D, 通常使用个体信息作为聚集信息, 如目标值和目标排序[41]。事实上, 聚集成对比较(APC)信息对多/超多目标优化也是有用的[39]。最近, 针对 MOP 和 MaOP, 已经发展了一套基于 APC 的算法, 如 Mcde, Mc-Moea[40], Sv-DOM[39] 等。具体来说, APC 可以定义为一个解 x 与种群中所有其他解的比较的集合[13]。基于 APC 的 MOEA 框架可定义为

$$APC(x) = \mathrm{agg}(\mathrm{comp}(x, y)) \quad x, y \in P \tag{5.2}$$

式中, agg( ) 为聚集函数; P 为种群。值得注意的是, 在现有的基于 APC 的算法中, maximin 函数[36] 是一个流行的适应度函数, 定义为

$$F^0(x) = \max_{j \neq i} \left\{ \min_k \left\{ f_k(x_i) - f_k(x_j) \right\} \right\} \tag{5.3}$$

式中, min 函数覆盖了从 1 到 m 的所有目标; max 函数覆盖了从 1 到种群 N 中的所有解, 除了相同的解决方案。

正如文献[37]和文献[38]中所分析的, maximin 函数有一组特殊的性质: 第一, 若解 x 的适应度值小于零, 则该解为非支配解; 第二, 适应度也是对非支配前沿距离的度量; 第三, maximin 函数的计算复杂度很低, 与目标数量成线性关系。

5.2.3　改进思路

如上所述, 高维多目标优化面临的一个重要挑战是 Parato 最优在提供候选解之间足够可比性方面的能力恶化。这种缺乏可比性的 Pareto 占优会导致与 DR 和 ADP 问题相关的行列数较少[40]。一个直观的想法是修改适应度评价方法, 为其他不可比解获得更丰富的排序和更稀疏的前沿。人们早已认识到, 使用聚集成对比较信息可以潜在地获得不可区分解之间的可比性[15]。在 Men-chaca-Mendez 和 Coello Coello[41] 的早期开创性工作中, 可以找到一个具有代表性的例子, 其中使用聚集成对比较结果的 maximin 函数的基本性质和计算复杂

度得到了清晰地展示。需要注意的是，在一个种群中，一些非支配解对收敛性改进（这里称为基于收敛的解）贡献更大，而另一些对多样性改进更有用的解（基于收敛性的解）[11]，如果指定一种可调节的聚集方法来自适应地控制两类解的选择过程，那么就可以提高收敛性和多样性。

综上所述，进一步分析 maximin 函数的搜索能力和局限性，以说明改进的思路和动机。

（1）良好的搜索能力。相比于 Pareto 最优，maximin 函数能够在非支配解之间产生更多的排序。图 5.1 给出了 maximin 函数在双目标空间中的轮廓线（L_0，L_1，L_2，L_3）。其中，等高线是 A 上的一组相等的 maximin 函数值。在图 5.1 中，L_1，L_2，L_3 上的解由 A 支配，但它们的适应度都小于零。L_3 上的解具有最小的适应度，但它们最接近 PF。正如 Balling 和 Wilson 所指出的，这表明 maximin 函数比 Pareto 最优能提供更多解之间的可比性信息。

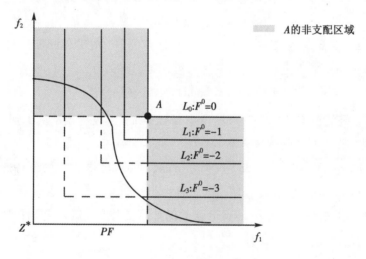

图 5.1　maximin 函数轮廓控制线

（2）超多目标优化中的局限性。①maximin 函数的收敛性能不够稳定。为了说明这一点，使用选择不合适解的概率来评估适应度函数的收敛性能[43-46]。如图 5.2 所示，这里的不合适解是指离原点较远的支配解或非支配解，这必然导致收敛性较差。在图 5.2 中，考虑两个解 A 和 B，如果 A 强占 B，由于 A 总是被选中，Pareto 最优和 maximin 函数都做出了适当的选择。若 A 和 B 互不支配，根据随机选择，Pareto 最优适当选择 B 的概率等于 0.5。对于 maximin 函数，不恰当选择的概率等于阴影区域 AEF 相对于非支配区域 AGF 的面积比，略大于

0.5。数学上，区域 AEF 的大小由区域 AGF 减去 $f_1^2+f_1^2=1$ 所覆盖的区域决定。这导致我们认为 maximin 函数的收敛性能并不优于 Pareto 最优。应该注意到，存在图 5.3 所示的另一种情景。maximin 函数选择不合适选择的概率小于 0.5，说明 maximin 函数具有较好的收敛性。综上所述，初步得出 maximin 函数的收敛性能不够稳健的结论。②学者 Menchaca-Mendez 和 Coello Coello[47] 发现算法产生了太多的弱占优或紧占优解，这损害了收敛性，而且过多的相同序列的解导致解的多样性差[42]。

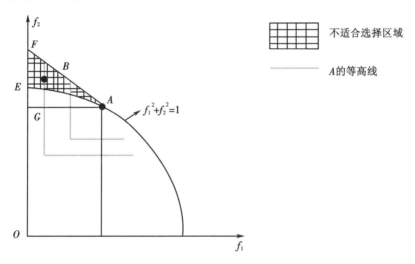

图 5.2　maximin 和 Pareto 在较差情况下最优性比较

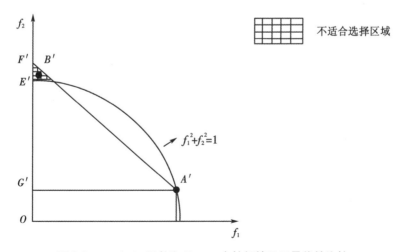

图 5.3　maximin 函数和 Pareto 在较好情况下最优性比较

通过有效利用 APC 信息，为 MOP 和 MaOP 开发了一个可调节的聚集函数

M2F-p。提出的 M2F-p 包含两种方法来获得足够的解的判别性。首先，使用乘法方法聚集更多的成对比较信息，从而获得增强的解判别能力。其次，本书推广一种可调节的方法，它可以为解决方案的收敛性和多样性提供适当的选择方向。在此基础上，通过持有一组由 p 诱导的可调等高线，自适应地扩大或收缩 M2F-p 的优势区域或改进区域，进而调控两类解（基于收敛的算法和基于多样性的算法）的选择过程。本书将 maximin 函数视为所提出的 M2F-p 在 $p=0$ 时的特例，旨在保留 maximin 函数优点的同时避免其缺点。

然后，基于 M2F-p 和两种新的选择技术，得到了 M2FMOEA 算法。在 M2FMOEA 自适应地选择 p，并根据 M2F-距离选择方法逐个确定期望的解。这里介绍的只是 M2F-p 在 MOEA 中应用的一种实现方式，未来期望在求解多目标优化得到较好应用后，进一步证明。

5.3 基于 M2F-p 的改进适应度函数

5.3.1 乘性最大适应度函数 M2F-p

综上所述，可以提出 M2F-p 定义：

$$F^p(u) = \max_{u \neq v, \, v \in PS'} \left\{ \left(\frac{\mathrm{abs}(\min\limits_{1 \leq k \leq m} \{f_k(u) - f_k(v)\})}{\sum\limits_{k} \mathrm{abs}(f_k(u) - f_k(v))} \right)^p \times \min\limits_{1 \leq k \leq m} \{f_k(u) - f_k(v)\} \right\}$$

(5.4)

式中，p 为可调参数；PS' 为得到的非支配解的集合；$f_k()$ 为第 k 个标准化的目标值，定义如下：

$$f_k(u) = \frac{fitness_k(u) | -z_k^*}{z_k^{\mathrm{nad}} - fitness_k(u)}$$

(5.5)

式中，$fitness_k()$ 为第 k 个目标函数的原始适应度，是定义 5.3 中的理想目标；z_k^{nad} 为定义 5.4 中的最低点目标。

在 M2F-p 中，当 $p=0$ 时，$F^p()$ 减小到最大值，即式(5.3)。这意味着 maximin 函数是 M2F-p 的一个特例。将不同 p 值的 M2F-p 轮廓控制线绘制在图 5.4 中的 f_1-f_2 平面上，其中 $p>0$ 的轮廓线曲面随着 p 的增大变得越来越尖锐。这里需要关注非支配区域（由灰色部分识别）中的等高线，因为在处理 MOP 和 MaOP 时，算法是从不可比较的非支配解中选择优解。由于 $p<0$（此处未绘制）

的轮廓无法逼近 PF，所以本节只考虑 $p \geqslant 0$ 的情况。

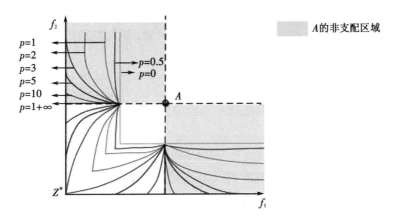

图 5.4　不同 p 值的 M2F-p 轮廓控制线

如图 5.5 所示，maximin 函数具有一条直线的等高线，而 $p>0$ 的 M2F-p 具有一条光滑的等高线，直观上具有从候选解中选择多样性更好解的潜力。为了说明这一点，提出以下四个说明。其中，说明 5.1 旨在支持 M2F-p 的基本性质（Section Ⅲ-C），说明 5.2 可用于分析 p 值对解的多样性的影响，说明 5.3 和说明 5.4 可用于分析 p 值对收敛能力的影响。

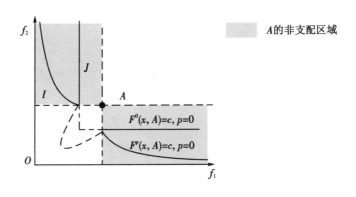

图 5.5　证明过程

说明 5.1　对于 m 个目标和给定的点 A，给定任意两个解集 I 和 J，满足 $I=\{x \mid F^{P}(x)=c, PS'=\{x, A\}\}$，$J=\{x \mid F^{0}(x)=c, PS'=\{x, A\}\}$，若 $c<0$ 且 $p \geqslant 0$，则：①I 中的任一解不被 A 控制；②I 中的任一解不被 J 中的任一解控制。证明过程如图 5.5 所示。

说明 5.2　对于 m 个目标，M2F-p 的等高线所围成的 M2F-支配区域的大

小随着 p 的增大而增大。

由说明 5.1 可知，M2F-p 可以确定 Pareto 占优关系，类似于 maximin 函数，M2F-p 可以通过改变 p 扩大或缩小解的支配区域，进而提高解的可区分性。

5.3.2 不同 p 值下 M2F-p 的搜索能力

本书从解的收敛性和均匀性两个方面分析了不同 p 值的 M2F-p 的搜索能力。

(1) p 变化对收敛能力的影响。根据 Jiang 等人[48]的建议，用不恰当选择的概率，即选择离原点更远的支配解或非支配解来衡量收敛能力。如图 5.6 所示，虚线(即 $f_1^2+f_2^2=c$ 的直线)和实线(即 $F^p(x)=c$ 的等高线)所围成的阴影部分是选择不恰当的区域。阴影部分的面积越小，表明选择不恰当方案的概率越小。

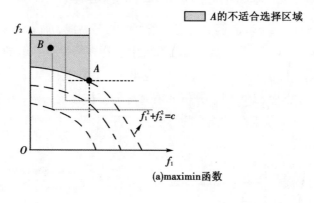

(a)maximin函数

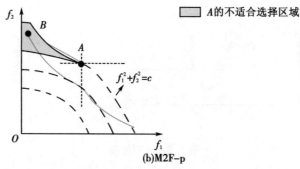

(b)M2F-p

图 5.6 边界选择区域示意图

说明 5.3 对于 m 个目标，给定任意解，$p>0$(即 M2F-p)产生的不恰当选择区域小于 $p=0$ 产生的不恰当选择区域。

说明 5.4 对于 m 个目标，给定任意解 A，M2F-p 识别的不恰当选择的区

域随着 p 的增大而减小。

证明：如图 5.6(b)所示，对于 $A(f_1(A)，\cdots，f_m(A))$，假设 $g_1(x_1，x_2，\cdots，x_m)$ 和 $g_2(x_1，x_2，\cdots，x_m)$ 分别为 $F^{p_1}(x)=c$ 和 $F^{p_2}(x)=c$ 通解函数，其中 $p_1>p_2>0$，$c<0$ 且 $PS'=\{x，A\}$，且 $h(x_1，x_2，\cdots，x_m)$ 是横跨 A 的超球函数。则由 p_1 和 p_2 标识的阴影区域计算为

$$V\_p_1(A)=\int_0^{f_m(A)}\cdots\int_0^{f_2(A)}\int_0^{f_1(A)}g_1(x_1，x_2，\cdots，x_m)-h(x_1，x_2，\cdots，x_m)\mathrm{d}x_1\mathrm{d}x_2\cdots\mathrm{d}x_m$$

(5.6)

$$V\_p_2(A)=\int_0^{f_m(A)}\cdots\int_0^{f_2(A)}\int_0^{f_1(A)}g_2(x_1，x_2，\cdots，x_m)-h(x_1，x_2，\cdots，x_m)\mathrm{d}x_1\mathrm{d}x_2\cdots\mathrm{d}x_m$$

(5.7)

由式（5.4）和 $0<\left(\dfrac{\mathrm{abs}(f_k(x)-f_k(A))}{\sum(\mathrm{abs}(f_k(x)-f_k(A)))}\right)<1$，有

$\left(\dfrac{\mathrm{abs}(f_k(x)-f_k(A))}{\sum(\mathrm{abs}(f_k(x)-f_k(A)))}\right)^P$ 随着 p 的增大而减小，从而得到

$$\min_k\{f_k(x)-f_k(A)\}\,|x\in\{F^{p_1}(x)=c\}<\min_k\{f_k(x)-f_k(A)\}\,|x\in\{F^{p_2}(x)=c\}$$

然后，根据对说明 5.2 的分析，推断：

$$g_1(x_1，x_2，\cdots，x_M)<g_2(x_1，x_2，\cdots，x_M)\tag{5.8}$$

$$g_1(x_1，x_2，\cdots，x_n)-h(x_1，x_2，\cdots，x_n)<g_2(x_1，x_2，\cdots，x_n)-h(x_1，x_2，\cdots，x_n)$$

(5.9)

根据定积分性质，有

$$V\_P_1(A)<V\_P_2(A)\tag{5.10}$$

因此，说明 5.4 得到证明。

由说明 5.3 和说明 5.4 可知，随着 p 的增大，M2F-p 识别出的不合适解被选择的概率越来越小。因此，可以认为，随着 p（包括 $p=0$，即 maximin 函数）的增加，M2F-p 的收敛性能逐渐增强。

（2）p 变化对解的多样性的影响。由图 5.4 可知，当 p 变化时，非支配区域中 $p>0$ 的等高线是对称的，其曲率是变化的。在图 5.4 的左侧，$p=0$ 的等值线是垂直的，而 $p>0$ 的等值线是一条非线性曲线。直观上，随着 p 的增大，M2F-p 的轮廓表面变得越来越尖锐。这意味着，当 p 增加到一定数量时，基于 M2F-p 选择的解的均匀性会降低。此外，在图 5.4 中，由 M2F-p 的等高线所围成的改进区域的大小等于第一象限区域的大小减去相关的 M2F-支配区域的大小，并且根据说明 5.2 推断，随着 p 的增大，改进区域的大小呈指数减小。因此，正

如 Wang 等人[49]所讨论的,在搜索开始时,由新生成的解(这里用 M2F-p 来衡量)替换现有解的概率会随着 p 增加(假设问题是无偏的)而减小,并且这个值也会随着目标数量的增加而减小。这意味着被潜在选择的候选解的多样性可能会相应地退化。

结合上述分析,可以初步推断,对于 M2F-p,p 会影响解的收敛性和均匀性。显然,需要选择一个合适的 p 来调节搜索过程。

5.3.3 M2F-p 的基本性质

M2F-p 具有一些基本性质,具体如下。

(1)M2F-p 适应度决定了候选解的支配关系。由式(5.4)和说明 5.1,可以直接推断:①若解的适应度值大于零,则为支配解;②若解的适应度值小于零,则为非支配解;③若解的适应度值等于零,则为弱支配解。

(2)M2F-p 奖励多样性并惩罚非支配解的聚类。图 5.7 是基于不同 p 值的 M2F-p 计算得到的,在图 5.7(a)和图 5.7(c)所示的第 Ⅰ 代中,它们的适应度值均为负,而在图 5.7(b)和图 5.7(d)所示的第 Ⅱ 代中,由于 B 和 C 的位置更接近,所以它们的适应度值均高于 A。这一观察表明,最小化 M2F-p 适应度有利于非支配解的多样性。

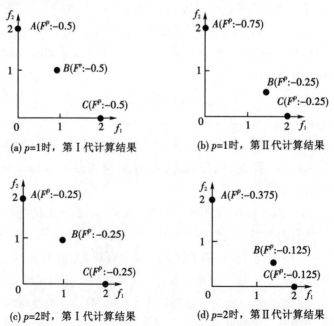

图 5.7 M2F-p 对三种非支配解的说明

（3）M2F-p 为到非支配前沿的距离值度量。如图 5.8(a)和图 5.8(c)所示，在第 I 代中，A，B，C 互不支配，适应度值均为负。D 是占优解，其适应度值为正。在第 II 代中加入 E，其适应度值小于 D，如图 5.8(b)和图 5.8(d)所示。因为更靠近非支配前沿，所以 M2F-p 反映了支配解到非支配前沿的距离。

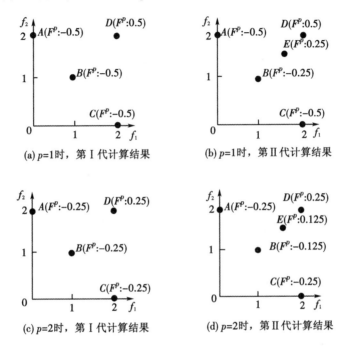

图 5.8　基于 M2F-p 的非主导证明

5.3.4　M2F-p 函数选择策略

通过以上分析，了解了不同 p 值下 M2F-p 函数的有效性，并提出了一种自适应选择策略。

5.3.4.1　候选 p 值的设定

从说明 5.2 和 5.4 中，发现 p 值会影响 M2F-p 函数的搜索能力。在 M2F-p 函数的搜索过程中，设 P 是一组候选的 p 值。P 应涵盖所有可能的值，即$[1, \infty]$。然而，为了提高计算效率，需要在不严重降低搜索能力的前提下缩小 p 的取值范围。通过对图 5.4 中等高线曲线的考察，考虑到 $p=10$ 的等高线与 p 的等高线比较接近，所以将 $p=10$ 作为 P 的上界。为了验证假设，本书做了一个具体

的检验：首先，利用随机过程中的均匀采样，在$(0, 1]^m$的空间中构造$1000 \times m$的点集，其中m为维度数。选取$A(0.5, \cdots, 0.5)$作为参考点。然后，记录满足$F^P(Y) < 0 | PS = \{Y, A\}$（即$A <_{M2F} Y$）的点（即$Y$）的个数。这些点主要由$F^P(Y) < 0 | PS' = \{Y, A\}$（即$Y <_{M2F} A$）的轮廓曲线上的点控制。此过程重复20次。图5.9给出了$m = 2、5、10$（y轴）时，不同p值[$0 \sim 10$（x轴）]下，M2F-p函数搜索能力的主导点比例均值。从图5.9中可以看出，主导点的比例随着p的增大而增大。从$p = 0$到$p = 5$的增加幅度比从$p = 6$到$p = 10$的增加幅度大。当$p = 10$时，搜索能力明显趋于p的搜索能力，特别是当$m = 10$时。因此，初步建议将$p = 10$作为候选p值的上界。据此，将集合P设置为0，1，2，4，6，8，10。

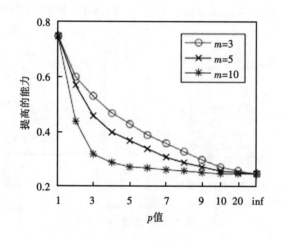

图5.9 不同p值下的进化过程

5.3.4.2 不同p值的影响

基于上述p设置，将M2F-p集成到MOEA中，利用交叉和变异来创建新的个体，以测试不同p值的效果。性能指标采用IGD[50-51]，从DTLZ[36]和WFG[49]中选取8个实例测验，目标分别为3个和5个，覆盖不同的PF图形；最大世代数设为2000，独立运行次数为20。算法参数设置如下：3目标实例种群规模$N = 91$，5目标实例种群规模$N = 210$；采用SBX交叉和多项式变异，交叉和变异的分布指数分别设为$n_c = 20$和$n_m = 20$；设置交叉概率$p_c = 1.0$，变异概率$p_m = 1/D$，其中D为决策变量个数[48]。图5.10给出了M2F-p在部分3目标和5目标测试集上不同p值下得到的平均IGD指标值。

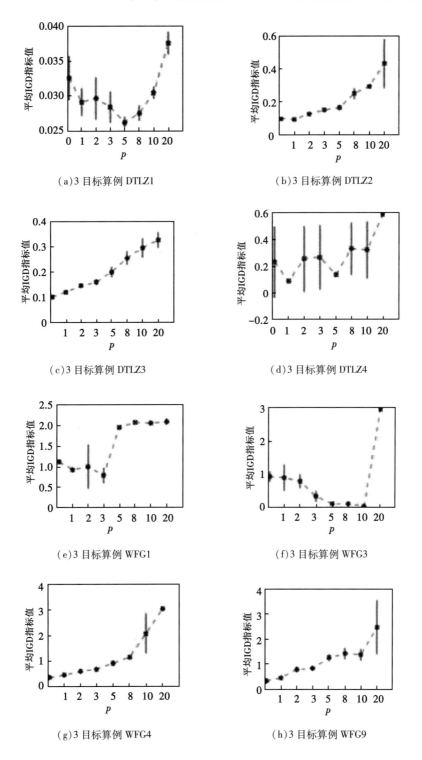

（a）3 目标算例 DTLZ1　　　　　　　　（b）3 目标算例 DTLZ2

（c）3 目标算例 DTLZ3　　　　　　　　（d）3 目标算例 DTLZ4

（e）3 目标算例 WFG1　　　　　　　　（f）3 目标算例 WFG3

（g）3 目标算例 WFG4　　　　　　　　（h）3 目标算例 WFG9

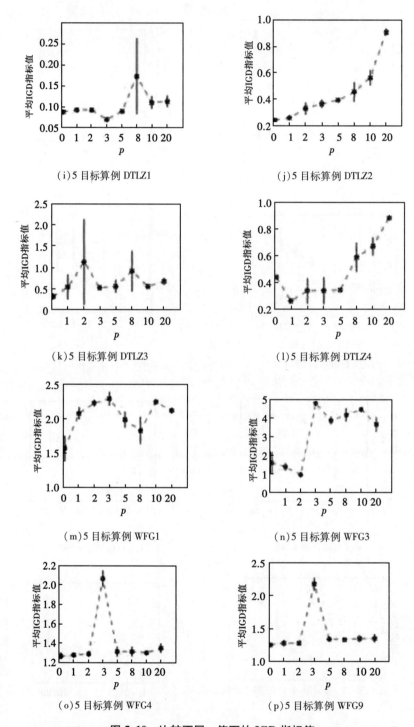

(i) 5 目标算例 DTLZ1   (j) 5 目标算例 DTLZ2

(k) 5 目标算例 DTLZ3   (l) 5 目标算例 DTLZ4

(m) 5 目标算例 WFG1   (n) 5 目标算例 WFG3

(o) 5 目标算例 WFG4   (p) 5 目标算例 WFG9

图 5.10 比较不同 p 值下的 IGD 指标值

从图 5.10 中可以捕捉到两个观察结果。首先,算法在 IGD 指标方面的性能趋势大致一致。IGD 指标结果显示出与之相矛盾的性能趋势。可能是因为 IGD 指标偏好一些多样性较好的解(如边界点),但并不一定有利于在这种特殊情况下的收敛。其次,对于大多数实例,如 DTLZ1、DTLZ3 和 WFG4,当 p 近似等于 3 或 8 时,性能容易达到最大。可见多个 p 值(如 $p=2,8$)适用于不连续 WFG3。这表明,当 PF 存在一组不连续分段或其他不规则分段时,不同的 p 值更有助于提高性能。

此外,M2F-p 得到的一些平均 IGD 指标随代数的演化曲线,如图 5.11 所示。可以看到,不同的 p 值会导致不同的表现。从这些观察结果中可以看出,对于基于 M2F-p 的算法,在搜索过程中自适应地调整 p 值是可取的。

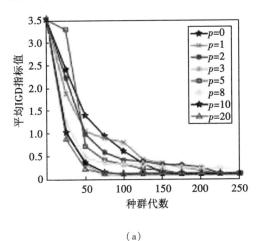

(a)

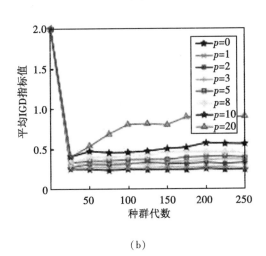

(b)

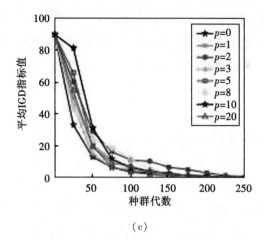

（c）

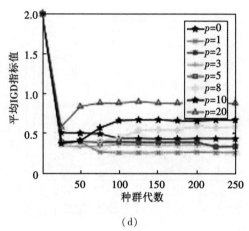

（d）

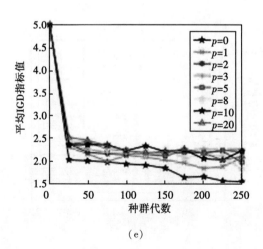

（e）

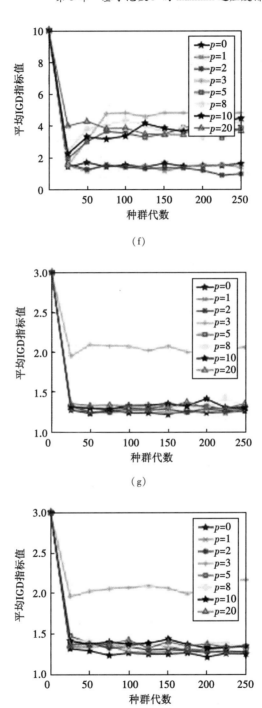

图 5.11　算例在不同 p 值下的 IGD 指标值分析

5.4 改进 M2FMOEA 算法流程

　　基于 M2F-p，算法 5.1 给出了 M2FMOEA 的框架。该框架非常简单，包括以下几个组成部分。首先，在初始化时，将 N 个个体随机化，构建初始父代种群（算法 5.1 第 1 行）。其次，基于每个解的 M2F-p 适应度值，采用二进制锦标赛策略（算法 5.1 第 4 行）选择一组潜在解进入交配池。再次，应用交叉和变异操作（算法 5.1 第 5 行）产生一组 N 个子代个体 Q。然后，根据种群进化状态（算法 5.1 第 7 行）自适应更新 M2F-p 的 p 值。最后，根据环境选择（算法 5.1 第 8 行）中的生存选择适应度函数从 P 和 Q 的组合种群中选择 N 个解。在环境选择中，我们发展了所谓最大距离选择策略，以进一步提高解的多样性。该过程重复进行，直到满足终止条件。

算法 5.1 Framework of M2FMOEA

---

(1) Initialization(P)

(2) $T = 1$, $p = 10$

(3) **while** $T \leq Max\_Gen$ **do**

(4) $P' = Mating\_Selection(P)$

(5) $Q = Variation(P')$

(6) $S = P \cup Q$

(7) $p = Adaptive\_p\_Selection(S, T, p)$

(8) $P = Environmental\_Selection(S)$

(9) $T + +$

(10) **end**

(11) **returnn** P

5.4.1 自适应 p-选择策略

　　在没有任何关于问题性质的先验知识的情况下，建议在搜索过程中自适应地调整 p 值，如算法 5.2 所示。调整的目标是通过逐步调整 p 来维持搜索过程中由相似度较小的非支配个体（也叫优秀个体）填充的种群。因此，根据参考文献[42]中的建议，使用 min_dif 作为在目标空间中分离两个被选择个体的最小差异。

在算法 5.2 中，如果种群中的优秀个体（根据它们的 M2F-p 适合度是否小于 min_dif 进行判断）的数量不足（即 $NS<N$），则 p 的值减少一步（这里使用一个 log 函数）。相应地，其改进区域扩大，更多的解成为优秀个体。如果有优秀个体，p 值会增加，相应地，其改进区域会缩小。此时，许多解退化为非优秀解。通过这个过程，可以自适应地调节 M2F-p 的搜索能力。

算法 5.2　Adaptive_p_selection(S, T, p)

Input：$S(combined\ population)$, $T(current\ iteration)$, $p(current\ p)$

Output：p

(1) $N=\dfrac{|S|}{2}min$, $NS=0$, $\_dif=0.001$

(2) **for** i=1 to |S|

(3) 　**if** $F^p(S_i)<-min\_dif$

(4) 　　$NS=NS+1$

(5) 　**end**

(6) **end**

(7) **if** $NS<N$ **then**

(8) $p=p-logsig\left(\dfrac{Max\_Gen}{2}-T\right)$

(9) **else**

(10) $p=p+logsig\left(\dfrac{Max\_Gen}{2}-T\right)$

(11) **end**

(12) **return** p

5.4.2　环境选择

M2FMOEA 算法中的环境选择过程如算法 5.3 所示。首先，对每个目标进行目标归一化，即 $f(x)=\dfrac{fitness(x)-z_k^*}{z^{nad}-z^*}$，其中 z^* 和 z^{nad} 分别根据定义 5.5 和定义 5.6 确定（算法 5.3 第 2 行）。然后，基于 M2F-p（算法 5.3 第 3 行）评估种群 S 的适应度。通过 M2F_similarity_sort 方法（算法 5.3 第 5 行）选出相似度较小的

优秀个体，再从 S(算法 5.3 第 6 行)中删除。如果种群已满，则返回 P；否则，采用基于欧氏距离设计的 M2F 距离选择策略(算法 5.3 第 11 行)，将来自 S 的 $K(K=N-|P|)$ 个解逐加到 P 中。

算法 5.3　Environmental Selection(S)

Input：$S($combined population$)$

Output：$P($output population$)$

(1) $P=\varnothing$, $N=\dfrac{|S|}{2}$. $min\_dif=0.001$

(2) Objective normalization(S)

(3) Calculate the fitness of S based on M2F-p

(4) /∗ Fill up new population P with the best fitness ∗/

(5) $P=$ M2F_similarity_sort(S, min_dif)

(6) $S=S\backslash P$

(7) **if** $|P|=N$, **then**

(8) **return** P

(9) **else**

(10) $K=N-|P|$ /∗ Solutions to be selected from S ∗/

(11) Select K solutions one by one from S to construct P：

　　$P=$M2F-distance-selection(S, P, K)

(12) **end**

(13) **return** p

---

(1) M2F_distance_selection。虽然 M2F-p 反映了距离非支配前沿的远近，有利于区分多样性更好的解，但仍然需要从具有相同适应度值的种群中选择一些个体。因此，受 Menchaca-Mendez 和 Coello Coello[41] 工作的启发，提出如下选择策略，从提醒种群 S 中选择 K 个个体，如算法 5.4 所示。首先，从 S 中删除 K 个随机个体，并将其加入到 P(算法 5.4 第 1~4 行)中。然后，对于 S 中的每个个体 $S[i]$，从 P 中找到它的最近邻 $P(X)$，并从 $P(X)$ 中选择一个随机个体 P $(X\neq R)$，同时计算距离 d$I$to$X$ 和 d$I$to$Y$(算法 5.4 第 6~10 行)。此时，$S[i]$ 与 $P(R)$ 竞争生存(算法 5.4 第 11, 12 行)。如果 $S[i]$ 失效，得到 $P(X)$ 与 P 的最近邻和 $S[i]$ 与 P 的最近邻，不管 X 如何(算法 5.4 第 14~17 行)。然后，根据 d$I$to$W$ 和 d$I$to$Z$(算法 5.4 第 18, 19 行)，$S[i]$ 将与 $P(X)$ 竞争生存。原则上，这

种方法旨在最大化解之间的最小距离[48]。特别地，最近邻 $P(X)$ 和随机邻 $P(R)$ 的使用是通过增加 $S[i]$ 相对于它在 P 中的最近邻的距离来提高局部的多样性，如图 5.12 所示。

算法 5.4　M2F_distance_selection(S, P, K)

Input: $S(candidate\ population)$, $P(population)$

　　　$K(number\ of\ selected\ solutions)$

Output: $P(new\ population)$

(1) **for** $i = 1$ to K **do**

(2)　　j = random index between 1 and $|S|$

(3)　　$P = P \cup S(j)$, $S = S \setminus S(j)$

(4) **end**

(5) **for** $i = 1$ to K do

(6)　　X = index of nearest neighbor to $S(i)$ in P

(7)　　d$I$to$X$ = distance from $S(i)$ to $P(X)$

(8)　　R = random index between 1 and $|P|$, such that $R \neq X$

(9)　　Y = index of nearest neighbor to $P(R)$ in P

(10)　　d$R$to$Y$ = distance from $P(R)$ to $S(Y)$

(11)　　**if** d$I$to$X$ > d$R$to$Y$ **then**

(12)　　　$P(R) = S(i)$

(13)　　**else**

(14)　　　Z = index of nearest neighbor to $P(X)$ in P

(15)　　　d$I$to$Z$ = distance from $P(X)$ to $P(Z)$

(16)　　　W = index of nearest neighbor to $S(i)$, regardless of X, in P

(17)　　　d$I$to$W$ = distance from $S(i)$ to $P(W)$

(18)　　　**if** d$I$to$W$ > d$X$to$Z$ **then**

(19)　　　　$P(X) = S(i)$

(20)　　　**end**

(21)　　**end**

(22) **end**

(23) **return** P

（2）M2F_similarity_sort。在算法 5.5 中，将 S 中的个体按照适应度从大到小的顺序（算法 5.5 第 1 行）进行排序，当相似度（即 $S[i].fitness_j - S[k].fitness_j$，算法 5.5 第 5 行）小于 min_dif（算法 5.5 第 3~9 行）时，逐个选择个体，其中 $S[i].fitness_j$ 表示 S 中第 i 个个体的第 j 个目标的适应度。

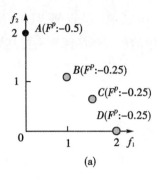
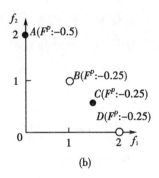

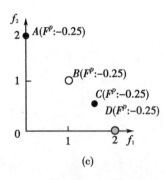
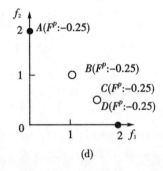

图 5.12　$P=1$ 时 M2F_distance_selection 选择机制

算法 5.5 M2F_similarity_sort(S, min_dif)

Input：$S(population)$, $m(number\ of\ dimensions)$, min_dif

Output：$P(output\ population)$

(1) $P=\varnothing$, $N=\dfrac{|S|}{2}$

(2) Sort(S)//sort S according to original fitness in ascending order

(3) **for** $i=1$ to $|S|$ **do**

(4)　**for** $j=1$ to m **do**

(5)　　if $|S[i].fitness_j - S[i+1].fitness_j| > min\_dif$ then

(6)　　　if$|P|<N$ then $p=P\cup S[i]$

　　　end

(7)　　**end**

(8)　**end**

(9) **end**

(10) **return** P

𝖠𝖠𝖠 5.5 应用实例分析

本节对 M2FMOEA 的性能进行实验研究,并与四种常用 MOEA(即 MOEA/ D[33], IBEA[28], NSGA Ⅲ[9], MDMOEA[42])进行比较,在 DTLZ[52-53] 和 WFG[49] 的 15 个基准函数上进行了测试。这些算法分为三类:①基于 Pareto 的算法,即 NSGA Ⅲ, MDMOEA;②基于分解的算法;③基于指标的算法(IBEA)。为了展示 M2F-p 在多目标优化中的实际效果,本书提出的算法仅与四种主流算法进行比较。在测试问题的 3, 5, 8, 10 个目标实例上对算法进行测试,每个算法在每个测试问题上独立运行 20 次。从算法求解实例得到的图像和广泛使用的性能指标两个方面来验证算法的性能。

5.5.1 测试问题

采用与 DTLZ、SDTLZ[53] 和 WFG 不同特性的测试问题验证 M2FMOEA 的性能。根据文献[53]的建议,决策变量的个数设置为 $n=m+r-1$,其中 m 为目标数,DTLZ1 的 $r=5$,DTLZ2 到 DTLZ5 的 $r=10$,DTLZ6 的 $r=20$。对于 SDTLZ1 和 SDTLZ3,如文献[50]的建议,每个目标乘以一个参数 p'^{i-1},其中 p' 用于调节缩放尺寸,$i=1, \cdots, m$。这里对于 3, 5, 8, 10 目标测试实例,p' 的值分别设置为 10, 5, 3, 2。对于 WFG,WFG1~WFG9 包括不可分问题、欺骗性问题、混合形状的 Pareto 前沿问题、位置相关参数的可扩展性问题及位置和距离相关参数之间的依赖性问题。根据文献[49],这些问题的决策变量个数设置为 $n=k+l-1$,其中距离相关变量 l 在所有测试实例中设置为 10,位置相关变量 k 在 $m=3, 5, 8, 10$ 的测试实例中分别设置为 4, 10, 7, 9。

5.5.2 绩效指标

采用三个指标 IGD 对算法进行实证比较[50-51]。IGD 和 HV 指标是衡量所得解的收敛性和多样性。对于一个算法,较小的 IGD 指标值意味着近似 PF 的解的质量更好[54]。对于 IGD 指标,需要设置一组 Pareto 最优解作为参考点。对于 DTLZ,根据文献[55]中的方法,在 $m<5$ 时生成均匀分布的权重向量参考集,采用文献[9]中的两层生成方法生成均匀分布的权重向量,则权重向量的交点

和以 DTLZ 的 Pareto 最优面为参考点。表 5.1 给出了 DTLZ 测试集上需要设置的参考点数量。对于 WFG，由于实例不同，其 Pareto 前沿也不同，每个实例的参考点设置也不同，需要设置的参考点个数 WFG 测试集如表 5.2 所列。

表 5.1 DTLZ 的参考点数量

m	$h1(P)$	$h2$	参考点数量
3	25	—	351
5	13		2380
8	7	6	5148
10	6	5	7007

表 5.2 WFG 的参考点数量

m	WFG1	WFG2	WFG3	WFG4~WFG9
3	421	148	5000	351
5	2801	1601	17000	2380
8	5464	4690	15000	5148
10	20705	13634	26000	7007

5.5.3 实验配置

为了保证算法的性能，改进算法参数设置如下。

（1）种群规模。根据文献[9]和文献[33]中的描述，对于 MOEA/D 和 NS-GA Ⅲ，种群规模 N 由单纯形格子设计因子 H 和目标数 m 决定，如表 5.3 所列。对于 $m \geq 8$，通过两层向量生成策略在 PF 的内外边界上生成参考向量。为了比较的公平性，其他算法也设置了相同的种群规模数。

（2）交叉和变异。对于 NSGA Ⅲ，交叉分布指数为 $n_c = 20$；变异分布指数为 $n_m = 20$；交叉概率为 $p_c = 1.0$，变异概率为 $p_m = 1/D$，其中 D 为决策变量个数。这里使用 SBX 和多项式变异创建后代[33]。

（3）终止条件。每次运行终止的条件是算法运行到最大代数。对于 DTLZ1、SDTLZ1、DTLZ3、SDTLZ3 和 WFG1~WFG9，最大生成数为 5000；对于其他测试实例，最大生成数为 2000。

（4）其他参数。对于 MOEA/D，采用 Tchebycheff 方法，邻域范围设置为 $N/10$[27]。对于 M2FMOEA 和 MDMOEA，最小差异为 $min\_dif = 0.0001$。对于 IBEA，质量指标采用 $I_{\varepsilon+}$[28]。

表 5.3　不同目标的种群规模

m	H	NSGA Ⅲ, IBEA	MOEA/D	MDMOEA, M2FMOEA
3	91	92	91	91
5	210	212	210	210
8	156($h1=3$, $h2=2$)	156	156	156
10	135($h1=3$, $h2=2$)	276	275	275

5.5.4　DTLZ 结果与讨论

表 5.4 给出了这些算法在 DTLZ 的 3，5，8，10 目标算例中的 IGD 指标结果。使用 Wilcoxon 秩和检验在 0.05 的显著性水平下评估 M2FMOEA 与对比算法之间的差异显著性[56-58]，其中"+""-""="表示算法之间差异的显著性程度。

根据表 5.4 中数据，可以得到以下观察结果。

(1) 在 DTLZ 测试集上，与 MDMOEA 相比，M2FMOEA 在收敛性和分布性（当 $m=8$，10 时更为明显）上表现出明显的性能优势。这是因为 M2FMOEA 中 p 的可调轮廓放大了高维目标空间中的解判别性，在某种意义上增强了搜索能力。然而，在一些 3 目标和 5 目标实例上，如 3 目标 DTLZ1、3 目标 DTLZ2 和 5 目标 DTLZ4，这两种算法的性能相当，因为它们的 p 值非常相似。

(2) M2FMOEA 在 24 个 DTLZ 算例中的 13 个算例上表现与 NSGA Ⅲ 相当，在均值和标准差上共同获得排名第一，在 10 个具有不规则 PF 的测试算例上，如 DTLZ3($m=8$，10) 和 DTLZ4($m=5$，8，10)，M2FMOEA 显著优于竞争对手。这是因为 DTLZ3 的 PF 是不连续的，所以算法中参考向量的使用不能引导个体走向不连续的 PF。

(3) 与期望通过考虑参考向量或参考点来保持多样性的 MOEA/D 相比，M2FMOEA 在大多数 8 目标和 10 目标测试问题（16 个中有 13 个）上表现更好，但在几个 3 目标实例上不能表现出明显的优越性。这是因为无论是超平面还是超球体，DTLZ 在 3 目标实例上的 PF 都比较规则。对于那些低维情况，使用参考向量的算法在多样性方面更具优势。

(4) 测试实例 PF 的形状也会影响算法的性能。以 DTLZ1 和 DTLZ3 为例，它们的 PF 差异较大。DTLZ1 的 PF 相对规则，而 DTLZ3 的 PF 不连续。从 IGD 指标来看，MDMOEA 和 NSGA Ⅲ 对 PF 不连续的 DTLZ3 效果不佳，但 M2FMOEA 似乎比 DTLZ3 更有能力。

表 5.4 DTLZ 和 SDTLZ 算例结果比较

Problem	m	M2FMOEA	MOEA/D	NSGA III	IBEA	MDMOEA
DTLZ2	3	2.041E-2	2.056E-2+	2.058E-2+	1.787E-1+	2.269E-2+
		1.600E-3	4.234E-6+	3.953E-6+	4.655E-0+	4.591E-4+
	5	6.806E-2	6.821E-2+	6.805E-2-	2.606E-1+	6.837E-2+
		1.117E-2	1.273E-4+	4.253E-6-	1.822E-2+	2.509E-3+
	8	1.009E-1	1.073E-1+	1.081E-1+	3.148E-1+	5.944E+1+
		4.228E-3	5.110E-4+	2.212E-4+	9.885E-3+	1.104E+1+
	10	1.222E-1	1.254E-1+	1.536E-1+	3.878E-1+	1.459E+2+
		4.932E-3	2.113E-3+	2.569E-3+	1.481E-2+	2.147E+1+
DTLZ4	3	6.022E-2	5.465E-2-	5.470E-2-	4.773E-1+	1.742E+0+
		3.894E-4	2.269E-4+	1.169E-4+	4.394E-3+	2.376E+0+
	5	2.114E-1	2.138E-1+	2.163E-1+	5.914E-1+	2.295E-1+
		3.157E-2	4.302E-4+	2.596E-3+	5.532E-3+	1.237E-2+
	8	4.213E-1	3.906E-1-	1.80E+0+	7.575E-1+	1.259E+2+
		6.841E-2	1.214E-3+	6.111E-1+	7.383E-3+	3.442E+1+
	10	5.013E-1	8.482E-1+	1.186E+1+	8.424E-1+	1.007E+3+
		4.184E-2	4.862E-1+	9.155E+0+	2.167E-2+	4.555E+2+
SDTLZ3	3	5.133E-2	6.173E-2+	5.150E-2-	4.269E-1+	5.220E-2+
		1.797E-3	3.804E-5+	2.966E-6+	1.503E-2+	3.573E-4+
	5	8.097E-1	1.144E+0+	4.102E-1-	1.640E+0+	3.925E-1-
		9.351E-2	6.955E-3+	3.788E-4-	8.640E-2+	1.770E-3-
	8	2.705E+0	1.104E+1+	4.815E+0+	8.633E-0+	9.756E+1+
		2.501E+0	2.631E-4+	3.298E-1+	2.947E-0+	9.553E+1+
	10	1.652E+1	3.796E+1+	1.682E+1+	3.257E+01+	8.856E+2+
		7.441E+0	1.228E-1+	1.463E+0+	3.539E+0+	3.408E+2+

Problem	m	M2FMOEA	MOEA/D	NSGA III	IBEA	MDMOEA
DTLZ2	3	5.917E-2	5.446E-2-	5.446E-2-	8.358E-2+	6.339E-2+
		8.815E-4	1.636E-7-	1.343E-7-	9.461E-4+	1.416E-3+
	5	2.135E-1	2.121E-1-	2.122E-1-	2.330E-1+	2.222E-1+
		9.902E-3	2.286E-4-	4.114E-6-	8.789E-4+	1.466E-3+
	8	3.898E-1	3.867E-1-	4.598E-1+	4.116E-1+	1.870E+0+
		2.139E-2	4.239E-5-	1.032E-1+	7.702E-3+	8.036E-2+
	10	4.791E-1	5.003E-1+	6.473E-1+	5.142E-1+	2.357E+0+
		1.575E-2	6.918E-4+	2.174E-2+	5.676E-4+	4.326E-2+
DTLZ4	3	5.894E-2	5.415E-1+	5.446E-2-	7.919E-2+	3.009E-1+
		5.073E-3	2.721E-8+	1.581E-6-	6.970E-3+	3.410E-1+
	5	2.075E-1	2.124E-1+	2.123E-1+	2.298E-1+	2.218E-1+
		9.603E-3	1.282E-4+	1.094E-4+	2.496E-3+	8.848E-4+
	8	3.705E-1	7.366E-2+	4.938E-1+	4.052E-1+	4.950E-1+
		2.347E-2	7.698E-2+	1.509E-1+	4.269E-3+	1.047E-1+
	10	4.531E-1	7.601E-1+	6.852E-1+	5.246E-1+	5.104E-1+
		2.982E-2	9.626E-2+	6.112E-2+	2.478E-2+	1.488E-2+
SDTLZ3	3	1.441E-1	1.491E-1+	1.341E-1-	1.144E+0+	1.479E-1+
		2.131E+0	8.737E-4+	4.266E-3-	5.480E-7+	4.354E-3+
	5	1.088E+00	5.609E+0+	1.215E+0+	4.329E+0+	2.122E+0+
		1.342E+01	7.479E-1+	1.974E-2+	2.760E-2+	1.288E+0+
	8	2.362E+01	4.278E+1+	2.018E+1+	3.631E+1+	6.958E+2+
		2.317E+01	1.295E-2+	1.022E+1+	4.287E+0+	1.614E+2+
	10	3.094E+01	1.522E+2+	8.763E+1-	1.500E+2+	5.84E+3+
		1.668E+01	1.798E-2+	1.950E+0-	1.269E+0+	3.399E+3+

　　此外，如果比较 M2FMOEA 和 MDMOEA 在 8 目标和 10 目标测试实例上的 IGD 指标结果，可以得到另一个散点观察：MDMOEA 的 IGD 指标结果退化了近一个数量级，而当 m 从 8 增加到 10 时，M2FMOEA 对 IGD 指标仍然保持有希望的水平。因为随着目标数和局部最优解的增加，p 的自适应选择似乎更适合逼近不规则的 PF。

5.5.5　WFG 结果与讨论

　　表 5.5 中给出了 IGD 指标在所有 WFG 上的均值和标准差结果。从表 5.5 中可以看出，在大多数测试实例中，M2FMOEA 在 IGD 指标上的性能明显优于其他算法；这五种算法在求解 WFG4、WFG5 和 WFG8 时表现相似，因为它们得到的 IGD 指标值相似。

　　具体而言，M2FMOEA 分别在 36 个测试实例中的 23 个测试实例和 8 个实例上获得了最优和次优的 IGD 指标结果。NSGA Ⅲ 获得了 6 个最好的结果和 10 个次好的结果，而 IBEA 也有 7 个排名第一。对于 WFG1，M2FMOEA 在 4 个实例中的 3 个实例上取得了第一名，而 NSGA Ⅲ 仅在 5 目标 WFG1 上取得了最好的结果。对于已断开凸 PF 的 WFG2，M2FMOEA 在所有实例中排名第一，而 MDMOEA 同样表现强劲。在 WFG3 上，IBEA 在所有算例上都得到了较好的结果，M2FMOEA 在 5，8，10 个目标上也表现良好。对于 WFG4，M2FMOEA 仍然优于其他模型，但实际上它们之间的差异很小，因为它们的 IGD 指标值相近。对于具有凹 PF 的欺骗型 WFG5，M2FMOEA 在 4 个算例上均获胜。对于 WFG6，WFG6 的决策变量不可分且具有凹 PF，仅在 5 目标 WFG6 上略差于 NSGA Ⅲ。与 WFG6 的情况类似，对于可分和单峰 WFG7，M2FMOEA 在 4 个算例中的 3 个算例上获胜，而 NSGA Ⅲ 在 3 目标算例中表现最好。对于不可分 WFG8，M2FMOEA 在 8 目标和 10 目标算例上是最好的竞争者，NSGA Ⅲ 在 3 目标和 5 目标算例上也是有竞争力的。WFG9 具有比例凹 PF，其决策变量不可分，IBEA 在 8 目标和 10 目标算例上表现最好，M2FMOEA 在 5 目标算例上表现最好。

表 5.5　WFG 算例结果比较

问题	m	M2FMOEA	MOEA/D	NSGA-III	IBEA	MDMOEA	M2FMOEA	MOEA/D	NSGA-III	IBEA	MDMOE
WFG2	3	1.27E-01 / 2.21E-02	3.09E-01 / 1.51E-02	1.45E-01 / 4.20E-03	1.82E-01 / 5.55E-02	2.11E-01 / 1.35E-02	1.77E-01 / 4.48E-02	9.85E-01+ / 2.32E-03+	1.98E-01+ / 6.16E-04+	2.60E-01+ / 6.26E-03+	1.82E-01+ / 2.52E-02+
	5	5.55E-01 / 4.67E-02	1.25E+00 / 1.42E-02	4.94E-01− / 9.23E-03−	6.16E-01 / 1.77E-02	8.13E-01 / 1.07E-01	5.46E-01 / 3.44E-02	5.16+00 / 3.37E-04	8.03E-01+ / 1.42E-02+	2.00+00 / 6.24E-01	6.88E-01+ / 9.63E-02+
	8	1.04E+00 / 5.09E-02	2.10E+00 / 2.18E-02	1.09E+00 / 1.10E-02	1.14E+00 / 1.56E-01	1.95E+00 / 1.21E-01	1.38E+00 / 2.34E-02	8.73+00 / 4.22E-03	4.48E+00+ / 1.29E+00+	4.15E+00 / 6.76E-02	1.43E+00+ / 1.46E-01+
	10	1.25E+00 / 1.511E-02	2.56E+00 / 8.53E-02	1.64E+00 / 2.44E-02	1.32E+00 / 1.41E-01	2.82E+00 / 1.30E-01	2.27E+00 / 5.74E-02	1.65E+01 / 4.25E-02	5.51E+00+ / 4.56E+00+	7.47E+00 / 1.13E+00	2.33E+00+ / 1.05E-01+
WFG4	3	1.33E-01 / 1.59E-02	1.57E-01 / 4.65E-04	1.04E-01− / 2.85E-02−	3.66E-02 / 1.17E-03	1.38E-01 / 3.05E-02	1.95E-01 / 7.23E-03	2.44E-01 / 1.18E-03	2.21E-01+ / 8.33E-05+	3.11E-01 / 4.25E-03	2.59E-01+ / 3.5161E-0
	5	5.60E-01 / 2.08E-02	8.60E-01 / 1.49E-02	5.83E-01 / 9.59E-02	2.36E-01 / 7.26E-03	7.64E-01 / 5.30E-02	1.16E+00 / 1.25E+00	1.66E+00 / 9.20E-03	1.22E+00+ / 3.05E-04+	1.31E+00 / 3.23E-02	1.17E+00+ / 3.12E-03+
	8	1.35E+00 / 3.85E-03	3.99E+00 / 1.01E-01	1.59E+00 / 1.47E-01	1.10E+00 / 5.54E-01	1.71E+00 / 1.41E+00	3.24E+00 / 1.49E-02	7.38E+00 / 9.48E-02	3.60E+00+ / 6.65E-02+	3.59E+00 / 4.95E-02	3.25E+00+ / 2.05E-02+
	10	2.32E+00 / 1.30E-01	5.713E+00 / 3.90E-01	2.48E+00 / 9.12E-02	7.74E-01 / 2.02E-01	3.70E+00 / 2.50E-01	4.86E+00 / 2.81E-02	9.94E+00 / 1.56E-01	5.93E+00+ / 5.82E-02+	5.56E+00 / 3.71E-02	4.90E+00+ / 6.67E-02+
WFG6	3	2.01E-01 / 1.77E-02	2.44E-01 / 1.99E-03	2.29E-01 / 8.00E-05	3.24E-01 / 3.34E-03	2.50E-01 / 2.60E-03	2.38E-01 / 1.18E-02	2.79E-01 / 1.11E-02	2.45E-01+ / 8.83E-03+	3.48E-01 / 1.24E-02	2.91E-01+ / 1.32E-02+
	5	1.15E+00 / 4.91E-03	1.77E+00 / 5.99E-02	1.21E+00 / 5.133E-05	1.30E+00 / 1.132E-02	1.16E+00 / 2.07E-02	1.22E+00 / 6.72E-02	2.1E+00 / 2.37E-01	1.21E+00+ / 1.31E-03+	1.37E+00 / 2.20E-03	1.23E+00+ / 2.48E-02+
	8	3.22E+00 / 1.05E-02	7.02E+00 / 6.92E+00	3.52E+00 / 4.81E-05	3.54E+00 / 5.54E+00	3.243E+00 / 7.39E-03	3.34E+00 / 8.06E-02	7.82E+00 / 9.08E-02	3.55E+00+ / 2.85E-03+	3.63E+00 / 3.49E-02	3.36E+00+ / 8.88E-02+
	10	4.83E+00 / 2.07E-02	9.747E+00 / 2.10E-02	5.84E+00 / 7.37E-03	5.48E+00 / 7.175E-02	4.87E+00 / 1.38E-02	4.98E+00 / 4.82E-02	1.07E+01 / 9.41E-02	6.69E+00+ / 1.24E+00+	5.50E+00 / 9.58E-03	5.02E+00+ / 1.44E-01+

WFG8

m					
3	3.10E−01	2.99E−01−	2.79E−01−	3.28E−01+	3.55E−01+
	6.00E−03	7.14E−03−	5.17E−03−	9.17E−03+	9.20E−03+
5	1.32E+00	1.51E+00+	1.26E+00−	1.30E+00+	1.33E+00+
	1.86E−02	3.13E−02+	5.47E−03−	7.21E−03−	1.59E−02+
8	3.48E+00	7.03E+00+	4.33E+00+	3.52E+00+	3.62E+00+
	2.73E−02	2.33E−01+	1.81E−01+	2.34E−02+	1.90E−02+
10	5.22E+00	6.84E+00+	6.27E+00+	5.35E+00+	5.33E+00+
	8.84E−03	8.49E−01+	1.10E−02+	8.86E−02+	2.5E−02+

m					
3	2.31E−01	2.57E−01+	2.21E−01−	3.40E−01+	2.55E−01+
	4.11E−03	3.60E−03+	3.45E−05−	9.41E−03+	1.39E−02+
5	1.16E+00	2.12E+00+	1.22E+00+	1.35E+00	1.20E+00+
	1.73E−03	6.67E−03+	2.28E−04+	2.23E−02+	1.44E−02+
8	3.05E+00	7.65E+00+	3.56E+00+	3.61E+00	3.34E+00+
	6.32E−02	4.44E−01+	2.52E−02+	1.94E−01+	4.74E−03+
10	4.71E+00	1.02E+01+	5.98E+00+	5.56E+00	5.02E+00+
	9.48E−03	6.70E−01+	5.32E−02+	1.04E−01+	2.15E−03+
3	2.28E−01	2.54E−01+	2.23E−01−	3.00E−01+	2.30E−01+
	2.80E−03	2.23E−02+	6.77E−04−	8.14E−03+	1.62E−03+
5	1.16E+00	1.76E+00+	1.20E+00+	1.24E+00	1.16E+00+
	4.55E−03	8.17E−02+	2.47E−03+	5.71E−03+	1.64E−02+
8	3.32E+00	6.89E+00+	3.53E+00+	3.21E+00−	3.34E+00+
	3.73E−02	8.97E−02+	6.40E−04+	1.64E−02−	9.33E−02+
10	4.99E+00	9.53E+00+	5.81E+00+	4.91E−01−	5.00E+00+
	7.83E−03	2.04E−01+	2.21E−02+	7.28E−03−	3.03E−02+

5.5.6 MaF 结果与讨论

MaF 是一种常用的测试算法性能的方法[59]，具有更复杂的 PF，用于进一步比较算法性能。在本书中，使用了三种具有自适应机制的算法进行更全面的实验比较，即 MOEAD/CMA[60]、ANSGA Ⅱ[61] 和 MOMB Ⅲ[62]。MOEAD/CMA 是一种同时使用差分的进化（DE）算法和基于分解的 MOEA 中的自适应协方差矩阵算法。ANSGA Ⅱ 是一种更新和删除参考点的自适应算法。MOMB Ⅲ 是基于 R2 指标的 MOEA 的改进版本，该指标使用成果标量化函数、参考点自适应更新机制和人口统计信息逼近真正的 Pareto 最优前沿。这些比较算法遵循其原始算法推荐的参数设置，具体内容参考文献[60]至文献[62]。最大数量世代设置为 1000。

表 5.6 显示了根据 IGD 指标的 MaF 测试算法的平均值和标准差结果。在表 5.6 中，目标显示算法的平均结果，第二行显示标准差结果。从表 5.6 中可以看出，在近一半的测试实例中，M2FMOEA 的性能优于其他算法。尤其是在 MaF1 上具有反向 PF 的 MaF2 具有增加的收敛难度，具有退化 PF 的 MaF8 和 MaF9 及具有不可分离的 MaF13，M2FMOEA 都取得了令人满意的结果。

表 5.6　MaF 上相关算法结果比较

	m	M2FMOEA	MOEA/D	NSGAⅢ	MOEADCMA	MOMBⅢ	ANSGAⅢ
MaF1	3	4.9157E-2	7.0475E-2-	6.2529E-2-	7.4809E-2-	7.4564E-2-	4.4766E-2+
		(1.30E-3)	(8.12E-7)-	(1.51E-3)-	(6.15E-6)-	(3.12E-4)-	(2.65E-4)+
	5	1.1956E-1	1.2620E-1-	1.8281E-1-	2.2812E-1-	2.2792E-1-	1.5804E-1-
		(1.74E-3)	(1.49E-4)-	(1.31E-2)-	(1.48E-4)-	(4.90E-4)-	(1.16E-2)-
	8	2.3402E-1	4.3541E-1-	2.8707E-1-	3.2622E-1-	3.5213E-1-	2.8584E-1-
		(4.74E-3)	(1.51E-3)-	(9.03E-3)-	(1.09E-2)-	(9.21E-3)-	(8.87E-3)-
	10	2.5317E-1	4.7755E-1-	2.8517E-1-	3.8529E-1-	3.7806E-1-	2.8438E-1-
		(2.78E-3)	(2.06E-2)-	(5.34E-3)-	(5.99E-2)-	(1.25E-2)-	(6.99E-3)-
MaF2	3	3.3868E-2	3.8998E-2-	3.6159E-2-	3.9195E-2-	3.7339E-2-	3.1476E-2+
		(7.04E-4)	(5.54E-4)-	(8.10E-4)-	(3.89E-4)-	(5.35E-5)-	(8.74E-4)+
	5	9.1234E-2	1.1130E-1-	1.1292E-1-	1.6751E-1-	1.5687E-1-	1.0561E-1-
		(1.70E-3)	(1.71E-4)-	(2.74E-3)-	(3.71E-3)-	(8.24E-4)-	(2.59E-3)-
	8	1.6018E-1	2.1703E-1-	2.4720E-1-	2.8796E-1-	2.8341E-1-	2.4107E-1-
		(8.73E-3)	(1.33E-4)-	(5.94E-2)-	(9.47E-3)-	(1.47E-2)-	(3.18E-2)-
	10	1.7527E-1	2.6165E-1-	2.0592E-1-	2.9757E-1-	5.5802E-1-	2.2626E-1-
		(6.80E-3)	(1.11E-4)-	(1.40E-2)-	(6.93E-3)-	(2.21E-1)-	(3.53E-2)-

表5.6(续)

	m	M2FMOEA	MOEA/D	NSGA III	MOEADCMA	MOMB III	ANSGA III
MaF3	3	5.6345E+1	5.2435E-2+	4.7273E-2+	1.8424E+0+	4.7495E-2+	5.2705E-2+
		(1.72E+2)	(1.87E-3)+	(1.14E-3)+	(7.18E+0)+	(1.21E-3)+	(7.53E-3)+
	5	2.4960E-1	1.0880E-1+	7.1524E-2+	7.9975E-2+	7.1890E-2+	7.9186E-2+
		(2.04E-1)	(1.50E-3)+	(2.68E-3)+	(6.42E-3)+	(8.92E-4)+	(1.71E-2)+
	8	1.4317E-1	1.6234E-1-	2.5092E-1-	1.6590E-1-	1.2611E-1+	2.9005E-1-
		(2.01E-2)	(8.92E-4)-	(5.80E-1)-	(1.48E-1)-	(2.20E-2)-	(9.83E-2)-
	10	1.1888E-1	1.4071E-1-	2.2817E+0-	1.2123E-1-	1.1979E-1-	2.4812E-1-
		(2.95E-2)	(5.21E-4)-	(9.38E+0)-	(7.01E-3)-	(1.96E-2)-	(9.94E-2)-
MaF4	3	3.7565E+0	6.8583E+1+	3.4824E-1+	8.9559E+0+	4.5019E+1+	3.4276E-1+
		(3.10E+0)	(4.71E-2)+	(2.40E-2)+	(1.43E+1)+	(1.53E-3)+	(2.12E-2)+
	5	4.1093E+0	9.0330E+0-	2.7618E+0+	7.4310E+0-	4.3098E+0-	2.9252E+0+
		(4.93E-1)	(5.96E-1)-	(8.68E-1)+	(6.80E+0)-	(8.80E-3)-	(1.06E+0)+
	8	1.6993E+1	1.0643E+2-	3.0155E+1+	4.4119E+1-	3.5272E+1-	3.1138E+1-
		(2.05E+0)	(2.32E+0)-	(2.13E+0)+	(4.24E+0)-	(1.12E+0)-	(2.53E+0)-
	10	11.1281E+2	4.4326E+2-	9.6843E+1+	1.9013E+2-	1.3177E+2-	9.9366E+1+
		(1.55E+1)	(2.99E+1)-	(7.37E+0)+	(1.86E+1)-	(4.81E+0)-	(9.14E+0)+
MaF5	3	3.1101E-1	9.9190E-1-	9.6949E-1-	3.8873E-1-	2.5999E+1+	4.9265E-1-
		(1.12E-2)	(1.45E+0)-	(1.19E+0)-	(1.56E-1)-	(6.33E-5)+	(5.18E-1)-
	5	3.5391E+0	7.9554E+0-	1.9705E+0+	2.9287E+0-	2.0293E+0-	1.9654E+0+
		(2.48E-1)	(1.08E+0)-	(1.55E-3)+	(2.10E-1)-	(3.39E-1)-	(1.53E-2)+
	8	2.8510E+1	8.2129E+1-	2.2168E+1-	3.2663E+1-	2.1364E+1+	1.8918E+1+
		(5.05E+0)	(2.19E+0)-	(2.87E+0)-	(1.17E+0)-	(1.66E+0)+	(5.38E+0)+
	10	8.3752E+1	3.0037E+2-	7.9149E+1+	1.2766E+2-	8.6000E+1-	6.9072E+1+
		(1.67E+1)	(2.67E+0)-	(3.25E-1)+	(4.28E+0)-	(1.45E+0)-	(1.86E+1)+
MaF6	3	4.0030E-2	3.3929E-2+	1.5867E-2+	2.2835E-2+	2.4888E-2+	1.1193E-2+
		(2.10E-2)	(2.50E-6)+	(1.82E-3)+	(5.07E-5)+	(1.11E-3)+	(1.26E-3)+
	5	1.3229E-2	6.8898E-2-	1.7742E-2-	1.0340E-1-	1.5031E-1-	1.3957E-2-
		(3.65E-3)	(1.43E-1)-	(2.95E-3)-	(7.72E-6)-	(1.61E-2)-	(4.08E-3)-
	8	2.5705E+1	1.5645E-1+	1.1539E-1+	8.4541E-2+	6.7012E-1+	7.5493E-2+
		(4.66E+1)	(2.22E-1)+	(9.50E-2)+	(4.35E-4)+	(1.39E-1)+	(8.68E-2)+
	10	2.5401E+1	3.0577E-2+	2.4462E-1+	9.1903E-2+	6.3387E-1+	2.6687E-1-
		(1.29E+1)	(5.33E-2)+	(7.32E-2)+	(1.33E-4)+	(1.57E-1)+	(1.19E-1)-
MaF7	3	1.9376E-1	1.8686E-1+	7.6385E-2+	1.5316E-1	1.9771E-1-	9.1060E-2+
		(1.44E-1)	(1.45E-1)+	(3.12E-3)+	(3.82E-3)+	(1.83E-1)-	(6.79E-2)+
	5	4.8620E-1	5.4658E-1-	2.8261E-1+	7.6180E-1-	4.1686E-1+	2.8130E-1+
		(3.35E-1)	(3.02E-3)-	(8.29E-3)+	(1.21E-1)-	(6.95E-2)+	(9.71E-3)+
	8	1.0426E+0	1.9974E+0-	7.7957E-1+	1.4683E+0-	2.7935E+0-	7.8294E-1+
		(5.88E-1)	(3.62E-1)-	(2.47E-2)+	(1.39E+0)-	(1.09E+0)-	(3.79E-2)+
	10	8.8564E-1	3.1215E+0-	9.7430E-1-	2.1506E+0-	4.4506E+0-	9.7404E-1-
		(1.50E-1)	(7.09E-1)-	(6.94E-2)-	(1.85E-1)-	(9.08E-1)-	(8.01E-2)-

表5.6(续)

	m	M2FMOEA	MOEA/D	NSGAⅢ	MOEADCMA	MOMBⅢ	ANSGAⅢ
MaF8	3	1.0917E−1	1.0858E+1+	1.0876E+1+	1.0760E−1+	1.0373E−1+	9.7602E−2+
		(1.27E−2)	(4.85E−3)+	(4.94E−3)+	(5.30E−4)+	(2.28E−3)+	(8.89E−3)+
	5	9.7629E−2	1.5552E−1−	1.6678E−1−	3.2097E−1−	3.2384E−1−	1.3708E−1−
		(2.10E−2)	(5.68E−3)−	(1.07E−2)−	(1.55E−3)−	(1.24E−2)−	(6.20E−3)−
	8	1.3928E−1	6.6923E−1−	3.8917E−1−	1.1005E+0−	1.1788E+0−	3.3584E−1−
		(3.53E−3)	(8.18E−3)−	(4.44E−2)−	(4.00E−2)−	(5.80E−2)−	(5.35E−2)−
	10	1.1588E−1	9.1155E−1−	3.4991E−1−	1.3298E+0−	1.4800E+0−	3.3978E−1−
		(2.06E−3)	(7.49E−3)−	(7.26E−2)−	(2.17E−2)−	(8.49E−2)−	(5.51E−2)−
MaF9	3	9.5512E−2	6.4366E−2+	6.2352E−2+	6.2998E−2+	7.1285E−2+	6.4293E−2+
		(9.35E−3)	(3.36E−3)+	(1.49E−3)+	(2.32E−3)+	(1.23E−3)+	(1.37E−3)+
	5	9.4794E−2	9.6670E−2−	4.1597E−1−	4.2348E−1−	4.0835E−1−	4.7095E−1−
		(1.70E−2)	(2.06E−4)−	(1.87E−1)−	(3.42E−1)−	(2.18E−2)−	(2.04E−1)−
	8	2.1679E−1	2.6774E−1−	6.8434E−1−	1.2231E+0−	1.3881E+0−	4.9206E−1−
		(1.46E−1)	(3.81E−3)−	(6.30E−1)−	(4.14E−2)−	(1.46E−1)−	(1.14E−1)−
	10	9.9874E+0	4.8484E−1+	5.3734E−1+	1.4299E+0+	1.5346E+0+	6.2540E−1+
		(1.03E+1)	(7.85E−1)+	(8.60E−2)+	(3.97E−3)+	(1.22E−1)+	(1.36E−1)+
MaF13	3	1.3947E−1	9.1770E−2+	8.2961E−2+	7.0565E−2+	1.5901E−1−	4.0319E−1−
		(1.63E−2)	(8.79E−3)+	(5.42E−3)+	(8.54E−3)+	(2.95E−2)−	(2.07E−1)−
	5	2.1783E−1	1.4734E+1+	2.2082E−1−	2.2888E−1−	3.3565E−1−	1.0434E+0−
		(1.01E−1)	(4.45E−3)+	(1.98E−2)−	(1.03E−2)−	(2.14E−2)−	(9.82E−2)−
	8	2.3075E−1	7.4272E−1−	2.8715E−1−	5.4002E−1−	1.1879E+0−	1.3701E+0−
		(1.57E−2)	(5.05E−2)−	(3.32E−2)−	(4.20E−3)−	(2.01E−1)−	(2.73E−1)−
	10	1.8429E−1	9.8499E−1−	2.4669E−1−	6.0145E−1−	1.5539E+0−	1.3961E+0−
		(3.95E−2)	(9.11E−2)−	(1.97E−2)−	(4.85E−3)−	(1.13E−3)−	(2.25E−1)−

5.5.7　结论分析

图5.13显示了算法在10个目标的DTLZ3上得到的最终解的平行坐标，DTLZ4、SDTLZ1、SDTLZ3、WFG2和WFG9的绘图结果如图5.14至图5.18所示。从这些图中可以看出，M2FMOEA得到的Paroto权衡面在收敛性和多样性方面具有明显的优势，而NSGA Ⅲ和MDMOEA也具有类似的特点。

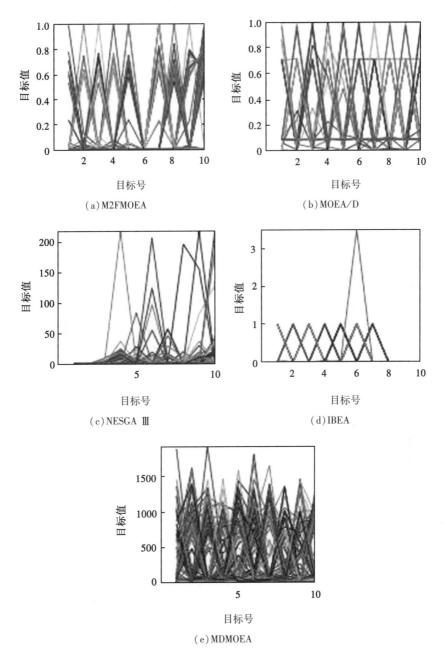

图 5.13　求解 10 个目标的 DTLZ3 算例结果比较

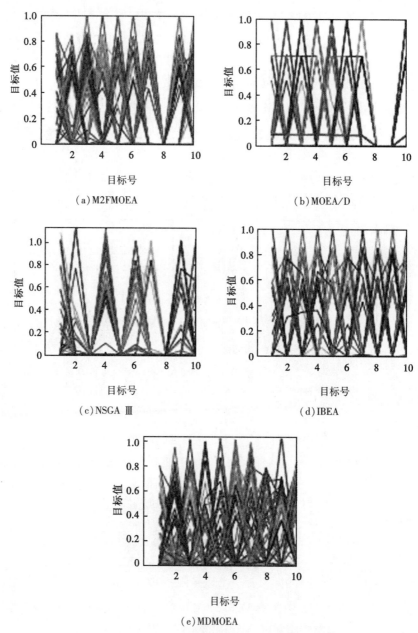

(a) M2FMOEA

(b) MOEA/D

(c) NSGA Ⅲ

(d) IBEA

(e) MDMOEA

图 5.14 求解 10 个目标的 DTLZ4 算例结果比较

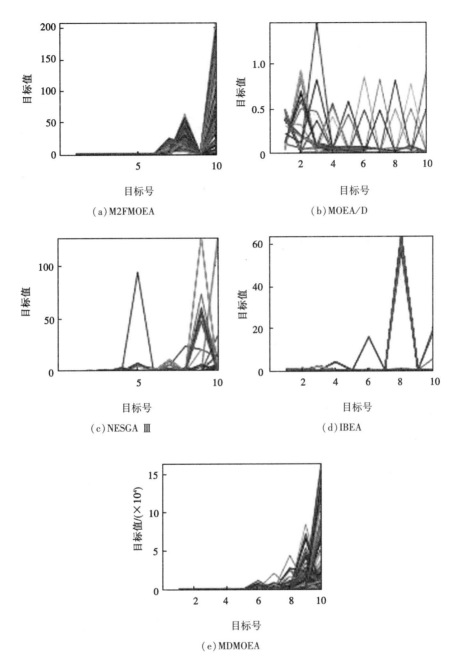

图 5.15　求解 10 个目标的 SDTLZ1 算例结果比较

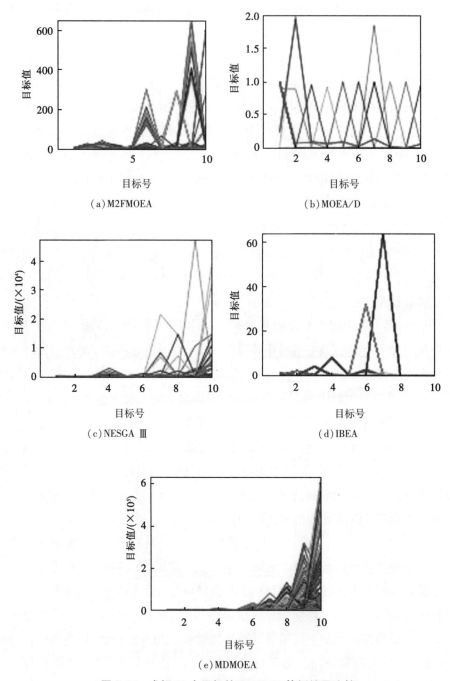

（a）M2FMOEA

（b）MOEA/D

（c）NESGA Ⅲ

（d）IBEA

（e）MDMOEA

图 5.16   求解 10 个目标的 SDTLZ3 算例结果比较

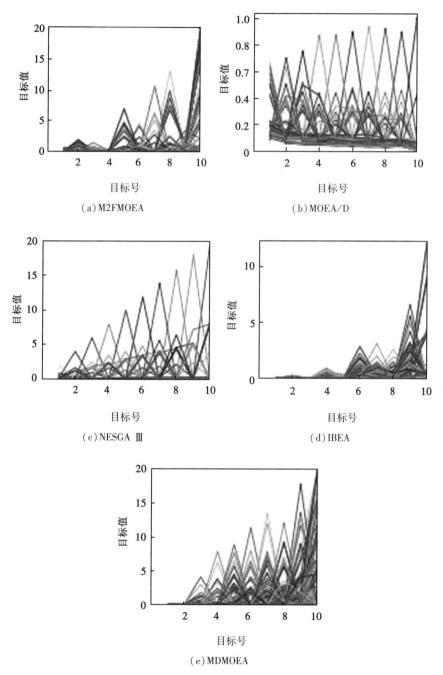

图 5.17　求解 10 个目标的 WFG2 算例结果比较

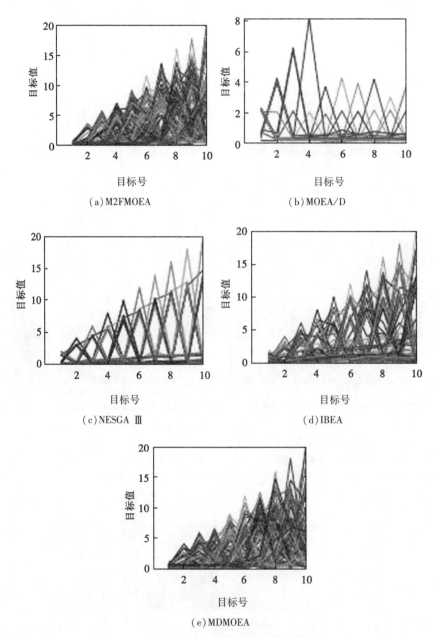

图 5.18 求解 10 个目标的 WFG9 算例结果比较

5.5.8 演化过程: IGD 指标、HV 指标和 *p*

为了对比各算法的 IGD 指标值与迭代次数之间的演化过程, 选取了一组测试算例, 包括 4 个 10 目标 DTLZ 和 9 个 10 目标 WFG。从图 5.19 中可以看出, M2FMOEA 收敛速度更快, 并且在大多数情况下都能获得最小的 IGD 指标值。

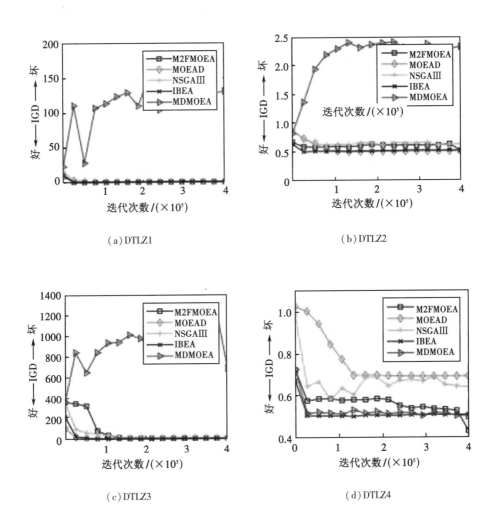

(a) DTLZ1

(b) DTLZ2

(c) DTLZ3

(d) DTLZ4

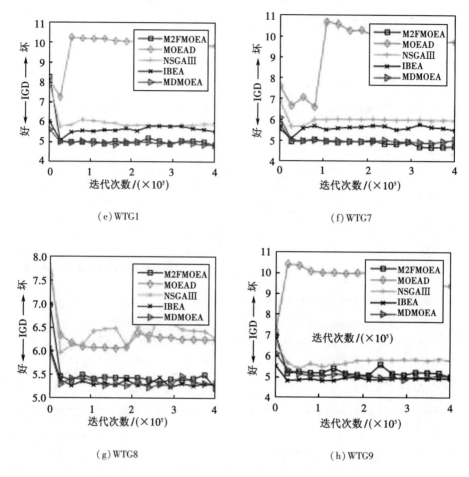

（e）WTG1　　　　　　　　　　　（f）WTG7

（g）WTG8　　　　　　　　　　　（h）WTG9

图 5.19　基于 IGD 指标的 10 个目标算例进化过程

具体而言，M2FMOEA 在 DTLZ3 和 DTLZ4 及 WFG4 和 WFG7 上较竞争对手有所改善。当目标数从 8 增加到 10 时，这种改善更加明显。对于 DTLZ1 和 DTLZ2，M2FMOEA 等价于 NSGA Ⅲ。直观上看，M2FMOEA 和 NSGA Ⅲ的性能优于其他算法。在 WFG4、WFG5、WFG8 和 WFG9 上也得到了类似的观测结果。特别地，对于 WFG4 和 WFG7，M2FMOEA 算法得到的 IGD 指标值明显优于其他算法，而其他算法得到的 IGD 指标值波动较大。这种现象可能归因于：与 MOEA/D 中使用的参考向量不同，这些 *PF* 是不规则的，如不连续、多模态和欺骗性的 NSGA Ⅲ可能与分段不相交，M2FMOEA 中的自适应等高线有利于覆盖 *PF* 的分段。这些结果表明本书提出的方法是可行且有效的。

图 5.20 给出了 10 个目标测试算例的 p 值随代数的演化过程。从图 5.20 中可以看出，p 值随着搜索阶段的变化而动态变化。即在搜索初期，p 值变化相对明显，调整了其改进区域。在搜索后期，p 值对于搜索变得相对稳定。利用这种自适应机制，M2F-p 可以适应优化过程。

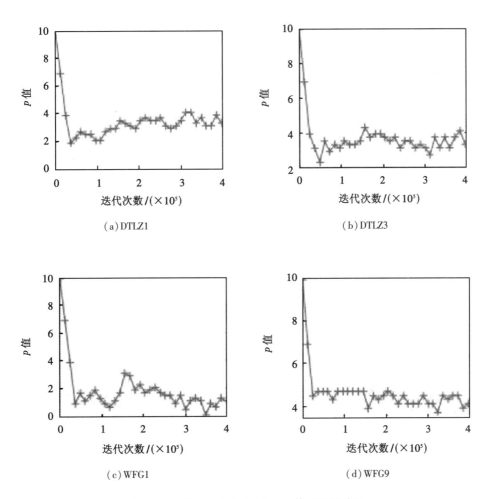

图 5.20   基于 p 值的 10 个目标算例进化过程

5.6   本章小结

本章提出了一种新的基于两两比较的适应度评价函数 M2F-p 处理多/超多目标优化问题。M2F-p 具有一组由不同的 p 值诱导的可控轮廓线，以及一组有前景的搜索性质，以增强解的判别性。本章分析了 M2F-p 的性质，并研究了不同 p 值的影响。可以看出，所提出的 M2F-p 在合适的 p 值下可以显著提高 MOEA 的性能。此外，本章基于提出的 M2F-p 和一些自适应策略提出了一个高效的 MOEA(即 M2FMOEA)框架，将 M2FMOEA 与一组主流算法进行了实验对比。本章选取一组多达 10 个目标的测试问题，实验结果表明，M2FMOEA 对同时处理 MOP 和 MaOP 是有效且高效的。

参考文献

［1］ ZITZLER E.Multiobjective evolutionary algorithms：a comparative case study and the strength Pareto approach［J］.IEEE transactions on evolutionary computation，1999，3(4)：257-271.

［2］ YUAN Y，XU H，WANG B，et al.Balancing convergence and diversity in decomposition-based many-objective optimizers［J］.IEEE transactions on evolutionary computation，2016，20(2)：180-198.

［3］ PRADITWONG K，HARMAN M，YAO X.Software module clustering as a multi-objective search problem［J］.IEEE transactions on software engineering，2011，37(2)：264-282.

［4］ CHEN N，CHEN W N，GONG Y J，et al.An evolutionary algorithm with double-level archives for multiobjective optimization［J］.IEEE transactions on cybernetics，2017，45(9)：1851-1863.

［5］ XIANG Y，ZHOU Y，LI M，et al.A vector angle-based evolutionary algorithm for unconstrained many-objective optimization［J］.IEEE transactions on evolutionary computation，2017，21(1)：131-152.

［6］ DEB K，PRATAP A，AGARWAL S，et al.A fast and elitist multiobjective genetic algorithm：NSGA-Ⅱ［J］.IEEE transactions on evolutionary computation，2002，6 (2)：182-197.

［7］ FABRE M G，PULIDO G T，COELLO COELLO C A.Alternative fitness assignment methods for many-objective optimization problems［C］∥Artificial Evolution，2010，2：146-157.

［8］ LI M Q，YANG SH X，LIU X H.Shift-based density estimation for Pareto-based algorithms in many-objective optimization[J].IEEE transactions on evolutionary computation, 2014, 18 (3): 348-365.

[9]　DEB K, JAIN H.An evolutionary many-objective optimization algorithm using reference-point-based nondominated sorting approach, part I: solving problems with box constraints[J].IEEE transactions on evolutionary computation: a publication of the IEEE neural networks council, 2014, 18 (4): 577-601.

[10]　FONSECA C M, FLEMING P J.Multiobjective optimization and multiple constraint handling with evolutionary algorithms-part I: a unified formulation[J].Systems, man and cybernetics, part a, IEEE transactions on, 1998, 28 (1): 26-37.

[11]　LI M Q, YANG SH X, LIU X H.Bi-goal evolution for many-objective optimization problems[J].Artificial intelligence, 2015, 228(C): 45-65.

[12]　MA L B, WANG R, CHEN SH M J, et al.A novel many-objective evolutionary algorithm based on transfer matrix with kriging model[J].Information sciences, 2019, 509: 437-456.

[13]　PURSHOUSE R C, FLEMING P J.On the evolutionary optimization of many conflicting objectives(article)[J].IEEE transactions on evolutionary computation, 2007, 11(6): 770-784.

[14]　ISHIBUCHI H, TSUKAMOTO N, HITOTSUYANAGI Y, et al.Effectiveness of scalability improvement attempts on the performance of NSGA-II for many-objective problems[C]//GECCO'08: Proceedings of the 10th Annual Conference on Genetic and Evolutionary Computation, 2008: 649-656

[15]　LI B D, LI J L, TANG K, et al.Many-objective evolutionary algorithms: a survey(article)[J].ACM computing surveys.2015, 48(1): 1-35.

[16]　MA L B, LI N, GUO Y N, et al.Learning to optimize: reference vector reinforcement learning adaption to constrained many-objective optimization of industrial copper burdening system[J].IEEE transactions on cybernetics, 2022, 52(12): 12698-12711.

[17]　HADKA D, REED P.Diagnostic assessment of search controls and failure modes in many-objective evolutionary optimization[J].Evolutionary computation, 2012, 20(3): 423-452.

［18］ REED P M, KOLLAT J B.Comparing state-of-the-art evolutionary multi-objective algorithms for long-term groundwater monitoring design［J］.Advances in water resources, 2006, 29(6): 792-807.

［19］ IKEDA K, KITA H, KOBAYASHI S.Failure of Pareto-based MOEAs: does non-dominated really mean near to optimal? ［C］//2001 Congress on Evolutionary Computation (CEC2001), vol.2, 2001: 957-962.

［20］ SATO H, AGUIRRE H E, TANAKA K.Controlling dominance area of solutions and its impact on the performance of MOEAs［C］//Evolutionary Multi-Criterion Optimization, 2007: 5-20.

［21］ SATO H, COELLO COELLO C A, AGUIRRE H E, et al.Adaptive control of the number of crossed genes in many-objective evolutionary optimization［C］//Learning and Intelligent Optimization, 2012: 478-484.

［22］ FARINA M, AMATO P.On the optimal solution definition for many-criteria optimization problems［C］//2002 Annual Meeting of the North American Fuzzy Information Processing Society (NAFIPS-FLINT 2002), New Orleans, Louisiana, USA, June 27-29, 2002, 2002: 233-238.

［23］ FABRE M G, PULIDO G T, COELLO COELLO C A.Alternative fitness assignment methods for many-objective optimization problems［C］//Artificial Evolution, 2009: 146-157.

［24］ HE Z N, YEN G G, ZHANG J.Fuzzy-based Pareto optimality for many-objective evolutionary algorithms［J］.IEEE transactions on evolutionary computation, 2014, 18 (2): 269-285.

［25］ LAUMANNS M, ZENKLUSEN R.Stochastic convergence of random search methods to fixed size Pareto front approximations［J］.European journal of operational research, 2011, 213 (2): 414-421.

［26］ ADRA S F, FLEMING P J.Diversity management in evolutionary many-objective optimization［J］.IEEE transactions on evolutionary computation, 2011, 15 (2): 183-195.

［27］ Yang S X, Li M Q, Liu X H, et al.A grid-based evolutionary algorithm for many-objective optimization［J］.IEEE transactions on evolutionary computation,

2013, 17 (5): 721-736.

[28] ZITZLER E, KÜNZLI S. Indicator-based selection in multiobjective search[C].Parallel Problem Solving from Nature: PPSN Ⅷ, 2004: 832-842.

[29] BADER J, ZITZLER E.HypE: an algorithm for fast hypervolume-based many-objective optimization[J].Evolutionary computation, 2011, 19 (1): 45-76.

[30] TRAUTMANN H, WAGNER T, BROCKHOFF D.R2-EMOA: focused multiobjective search using R2-indicator-based selection[J].Learning and intelligent optimization, 2013, 7997: 70-74.

[31] SCHUTZE O, ESQUIVEL X, LARA A.Using the averaged Hausdorff distance as a performance measure in evolutionary multiobjective optimization[J]. IEEE transactions on evolutionary computation, 2012, 16(4): 504-522.

[32] MA L B, WANG X W, HUANG M, et al.Two-level master-slave RFID networks planning via hybrid multiobjective artificial bee colony optimizer[J].IEEE transactions on systems, man and cybernetics, 2019, 49 (5): 861-880.

[33] ZHANG Q F, LI H.MOEA/D: a multiobjective evolutionary algorithm based on decomposition(article)[J].IEEE transactions on evolutionary computation, 2007, 11(6): 712-731.

[34] LI K, DEB K, ZHANG Q F, et al.An evolutionary many-objective optimization algorithm based on dominance and decomposition[J].IEEE transactions on evolutionary computation, 2015, 19 (5): 694-716.

[35] WANG R, ZHANG T, GUO B.An enhanced MOEA/D using uniform directions and a pre-organization procedure[C]//2013 IEEE Congress on Evolutionary Computation: CEC 2013, Cancun, Mexico, 20-23 June 2013, Pages 1710-2563, [v.3], 2013: 2390-2397.

[36] RAY T, ASAFUDDOULA M, ISAACS A.A steady state decomposition based quantum genetic algorithm for many objective optimization[C]//2013 IEEE congress on evolutionary computation: CEC 2013, Cancun, Mexico, 20-23 June 2013, pages 2564-3418, [v.4], 2013: 2817-2824.

[37] CHENG R, JIN Y C, OLHOFER M, et al.A reference vector guided evolutionary algorithm for many-objective optimization[J].IEEE transactions on evolu-

tionary computation, 2016, 20 (5): 773-791.

[38] GARZA-FABRE M, PULIDO G T, COELLO COEELO C A. Ranking methods for many-objective optimization[C] // MICAI 2009: Advances in Artificial Intelligence MICAI 2009: Advances in Artificial Intelligence: 8th Mexican International Conference on Artificial Intelligence, Guanajuato, Mexico, November 9-13, 2009 Proceedings, 2009: 633-645.

[39] KÖPPEN M, YOSHIDA K. Substitute distance assignments in NSGA-II for handling many-objective optimization problems[C] // Evolutionary Multi-Criterion Optimization, 2007: 727-741.

[40] BALLING R, WILSON S. The maximin fitness function for multi-objective evolutionary computation: application to city planning[C] // Proceedings of the Genetic and Evolutionary Computation Conference (GECCO-2001), 2001: 1079-1084.

[41] MENCHACA-MENDEZ A, COELLO COEELO C A. Solving multi-objective optimization problems using differential evolution and a maximin selection criterion[C] // 2012 IEEE Congress on Evolutionary Computation: CEC 2012, Brisbane, Australia, 10-15 June 2012, Pages 1-904, [v.1], 2012: 1-8.

[42] MENCHACA-MENDEZ A, COELLD COELLO C A. Selction operators based oin maximin fitness for multi-objective evolutionary algorithms[J]. Lecture notes in computer science, 2013, 7811(1): 230-245.

[43] KUKKONEN S, LAMPINEN J. Ranking-dominance and many-objective optimization[C] // Evolutionary Computation, 2007 IEEE Congress on; Singapore, 2007: 3983-3990.

[44] PIRES E J S, DE MOURA OLIVEIRA P B, MACHADO J A T. Multi-objective maximin sorting scheme[C] // COELLO COELLO C A. Evolutionary multi-criterion optimization. Berlin: Springer, 2005: 165-175.

[45] BALLING R. The maximin fitness function; multi-objective city and regional planning[C] // FONSECA C M, FLEMING P J. Evolutionary multi-criterion optimization: proceedings. Berlia: Springer 2003: 1-15.

[46] LI X D. Better spread and convergence: particle swarm multiobjective

optimization using the maximin fitness function[C]//Genetic and evolutionary computation, 2004: 117-128.

[47] MENCHACA-MENDEZ A, COELLO COELLO C A.MD-MOEA: a new MOEA based on the maximin fitness function and Euclidean distances between solutions[C]//MENCHACA-MENDEZ A.2014 IEEE Congress on Evolutionary Computation: CEC 2014, Beijing, China, 6-11 July 2014.Pages 1650-2474, [v.3].Beijing: Institute of Electrical and Electronics Engineers, 2014: 2148-2155.

[48] JIANG S, YANG S, WANG Y, et al.Scalarizing functions in decomposition-based multiobjective evolutionary algorithms[J].IEEE transactions on evolutionary computation, 2018, 22(2): 296-313.

[49] WANG R, ZHANG Q F, ZHANG T.Decomposition-based algorithms using pareto adaptive scalarizing methods[J].IEEE Transactions on Evolutionary Computation, 2016, 20(6): 821-837.

[50] YUAN Y, XU H, WANG B, et al.A new dominance relation-based evolutionary algorithm for many-objective optimization[J].IEEE transactions on evolutionary computation, 2016, 20(1): 16-37.

[51] DERBEL B, BROCKHOFF D, LIEFOOGHE A, et al.On the impact of multiobjective scalarizing functions[C]//Parallel Problem Solving from Nature-PPSN XIII: 13th International Conference, Ljubljana, Slovenia, September 13-17, 2014, Proceedings, 2014: 548-558.

[52] COELLO COELLO C A, LAMONT G B, VELDHUIZEN D A V.Evolutionary algorithms for solving multi-objective problems[M].New York: Springer-Verlag New York Inc, 2007.

[53] ISHIBUCHI H, MASUDA H, TANIGAKI Y, et al.Difficulties in specifying reference points to calculate the inverted generational distance for many-objective optimization problems[C]//2014 IEEE Symposium on Computational Intelligence in Multi-Criteria Decision-Making: 2014 IEEE Symposium on Computational Intelligence in Multi-Criteria Decision-Making (MCDM), 9-12 Dec.2014, Orlando, FL, USA, 2014: 170-177.

[54] ISHIBUCHI H, MASUDA H, TANIGAKI Y, et al.Modified distance

calculation in generational distance and inverted generational distance［C］// Evolu-
tionary Multi-criterion Optimization: 8th International Conference, EMO 2015,
Guimaraes, Portugal, March 29 - April 1, 2015, Proceedings, Part Ⅱ, 2015: 110-
125.

［55］ HUBAND S, HINGSTON P, BARONE L, et al.A review of multiobjec-
tive test problems and a scalable test problem toolkit［J］.IEEE transactions on evolu-
tionary computation, 2006, 10 (5): 477-506.

［56］ MA L B, CHENG SH, SHI Y H.Enhancing learning efficiency of brain
storm optimization via orthogonal learning design［J］.IEEE transactions on systems,
man and cybernetics.systems, 2021, 51 (11): 6723-6742.

［57］ BHATTACHARJEE K S, SINGH H K, RYAN M, et al.Bridging the
gap: many-objective optimization and informed decision-making［J］.IEEE transac-
tions on evolutionary computation, 2017, 21 (5): 813-820.

［58］ MA L B, WANG X Y, WANG X W, et al.TCDA: truthful combinatori-
al double auctions for mobile edge computing in industrial internet of things［J］.IEEE
transactions on mobile computing, 2022, 21(11): 4125-4138.

［59］ CHENG R, LI M Q, TIAN Y, et al.A benchmark test suite for evolu-
tionary many-objective optimization［J］.Complex and intelligent systems, 2017, 3
(1): 67-81.

［60］ LI H, ZHANG Q F, DENG J D.Biased multiobjective optimization and
decomposition algorithm［J］.IEEE transactions on cybernetics, 2017, 47(1): 52-66.

［61］ JAIN H, DEB K.An evolutionary many-objective optimization algorithm
using reference-point based nondominated sorting approach, part Ⅱ: Handling con-
straints and extending to an adaptive approach［J］.IEEE transactions on evolutionary
computation.2014, 18(4): 602-622.

［62］ GÓMEZ R H, COELLO COELLO C A.Improved metaheuristic based on
the R2 indicator for many-objective optimization［C］// The Genetic and Evolutionary
Computation Conference (GECCO 2015), 2015: 679-686.

第6章 基于决策空间分解的
大规模进化优化方法

6.1 引 言

随着应用工程和科学领域复杂优化问题的快速增加，很多领域中的优化问题呈现出变量个数巨大（维度高）的特点，随着问题规模的扩大，问题的解决变得更加困难，现有的算法难以有效地解决这类问题。这类变量个数多、维度高、问题规模大的优化问题称为大规模全局优化（large scale global optimization，LS-GO）问题[1]，各种工程领域问题所涉及的决策变量的维度呈指数级增长，这增加了问题的求解难度[2-3]。大规模优化中的例子很多，如卫星布局的优化设计[4]、大规模系统模型的参数识别[5]、地震波形的反演[6]及供水系统的参数校准[7]。这些问题的共同特征是随着决策变量维度的增加，目标问题的搜索范围呈指数级扩大，导致优化过程中的局部最优解越来越多。此外，变量之间的耦合（或交互）关系变得更加复杂。因此，对于大规模优化问题，随着决策变量数量的指数增长和它们的耦合关系变得更加复杂，维度灾难出现并提高了问题的复杂程度[8]，这也是学术界研究的热点。

复杂的工程优化系统问题通常使用进化算法（EA）作为搜索引擎在复杂的高维搜索空间中获得全局最优。然而，随着问题中决策变量的增加和变量之间相互耦合关系的复杂化，EA 很难甚至无法处理这些问题。EA 是一种基于自然生物进化机制的启发式搜索算法，它不需要目标问题的梯度信息，对于解决复杂的 NP-hard 问题具有较好的鲁棒性[9]。对于中小规模的优化问题，EA 在各种工业应用系统中取得了优异的表现，可以有效地处理各种非线性、强耦合、混合变量等复杂的优化场景[10]。然而，当目标问题的决策变量规模超过一定数量级时，传统的 EA[11-13] 由于搜索能力有限，即使改进了全局优化算子策略，也难以获得满意的解题精度和收敛速度等性能[14-15]。因此，如何设计高效的大规模全局优化方法是解决大数据环境下复杂工程系统应用的一个迫切问题。

目前，在解决大规模全局优化问题方面出现了很多优秀的研究，如降维[16]、局部搜索[17]、分解方法[18]等，其中比较流行的是分解方法。分解方法将一个复杂的大规模优化问题分成几组小规模的子问题，这样更容易处理。在进行策略分解后，整个复杂的函数可以通过单独优化每个子问题来进行优化。这种分解的作用已经在很多优化方法中得到证明[1]。Potter 和 De Jong[19] 设计了一个有效的合作协同进化(CC)框架来分解复杂的大规模问题。有研究表明，基于贡献的合作协同进化方案优于传统的 CC 框架[20]。基于贡献的 CC 方案主要在于量化一个子组相对于整体适应的重要程度，当这种贡献和重要性信息被计算出来后，可以根据各子组的重要性提供不同的计算资源。基于贡献的 CC 方案与传统的 CC 框架不同，它是将计算预算平均分配给各个子组。对于 CC 和基于贡献的 CC 框架，当将决策变量分解为若干子组时使用的分解策略非常重要，因为优化的最终结果对选择的分解策略极为敏感。

本书开发了一种使用哈希函数(min hash)的分解策略。min hash 函数是一种快速确定两个集合是否相似的技术。这种函数是由学者 Andrei Broder 提出的，最初用于 AltaVista 算法中，可在获得的结果中查找和删除重复的网页。它可以用于解决大规模的聚类问题，其优点是计算简单，比在两个决策变量间比较更有效，能够快速找到相似的决策变量，能够简单地对决策变量进行聚类。在 MHD 中，用它来分解决策变量，提高分解效率。

在大规模优化领域，决策变量相互作用的识别对算法的最终结果具有关键作用。它是基于分解的算法实现分组的先决条件。本书设计了一种具有更高效率和分组精度的识别方法，基于 min hash 函数的分解策略解决 LSGO 问题，称为 MHD(min hash decomposition)。该方法主要是通过 min hash 函数发现决策变量的相互作用，并形成子组，其原则是这些子组之间的相互依赖关系保持在最低水平，min hash 函数具有计算简单、快速的优点。因此，MHD 的效率及可靠性得到了保证。在精度方面，本书提出的算法在各种类型的大规模全局优化基准测试函数中表现良好。

🗗 6.2 问题描述

随着社会的不断发展，现在一般认为大规模问题指的是问题的维数（决策变量的个数）在几百上千维甚至更高，LSGO 问题的数学描述为

$$x^* = \underset{x \in \mathbf{R}^n}{\arg\min} f(x) \qquad (6.1)$$

式中，$f: \mathbf{R}^n \rightarrow \mathbf{R}$ 为一个实值目标函数；$x = (x_1, x_2, \cdots, x_n)$ 为一个 n 维决策向量；n 为变量的维度，通常大于 100[21]。

对于 CC 框架，分解问题的目的是最小化子组之间的依赖关系[22]，这通常是由优化函数的可分离结构所决定的，表述如下。

定义 6.1 函数 $f(x)$ 被认为是部分可分离的，具有 m 个独立子组，当

$$\underset{x}{\arg\min} f(x) = \{\underset{x_1}{\arg\min} f(x_1, \cdots), \cdots, \underset{x_m}{\arg\min}) f(\cdots, x_m)\} \qquad (6.2)$$

式中，$x = (x_1, x_2, \cdots, x_n)$ 为一个 n 维度矢量；$x_1, \cdots, x_m$ 为 x 的 m 个不相交子向量，$1 < m \leq n$。如果 $m = n$，那么 $f(x)$ 被认为是完全可分离的[23]。

定义 6.2 如果 n 个决策变量都是相互影响的，并且 $m = 1$，函数 $f(x)$ 被认为是完全不可分离的[24]。

事实上，部分可分离问题是部分可分离的一个特殊类型，它通常显示出实际 LSGO 问题的模块化性质[23]，特别是它被表述为定义 6.3。

定义 6.3 函数 $f(x)$ 是部分可分离的，当

$$f(x) = \sum_{i=1}^{m} f_i(x_i), \ m > 1 \qquad (6.3)$$

式中，m 为独立子群的数量；$f_i()$ 为不可分离的子函数[22]。

🗗 6.3 改进思路

6.3.1 分解策略

合作协同进化框架是目前解决 LSGO 问题的一种有效方法，这种方法的有效性归因于它将一个 LSGO 函数分解或划分为几组更容易的子函数，该思想的有效性在后面的研究中得到了验证[25]。然而，CC 框架的缺点在于，相应的整

体性能与所选择的分解策略高度相关。

应用合作协同进化来处理 LSGO 问题的关键是如何将一组变量分解成少量的子组。在没有关于底层结构的更先进知识的情况下，可以用不同的方法对具体问题进行分解。理想情况下，需要根据一个基本原则来构建子组，即决策变量之间的依赖效应应该最小化。由 Weicker 等人[25] 提出的合作协同进化技术被用来分析变量之间的交互关系。它是第一个自动识别交互变量的协同进化技术。然而，它没有被应用到大规模全局优化问题的高维搜索空间中。随后，Chen 等人[7] 提出了该技术的改进方法，并在处理 LSGO 问题时获得了良好的效果。另一种优秀的方法是 Delta 分组[20]，这是一种可以自动识别问题中的互动决策变量的有效技术。

除了上述分解策略外，还有一些分组策略，其中子组的大小是预先确定的。例如，随机分组[18]，它将一个 n 维的大问题分解为 m 个 s 维的小问题。这种策略的主要缺点在于，它需要指定一个 m 或 s，这对于算法的使用是低效的。对于大规模问题中存在大量相互影响的决策变量的优化方案来说，当 s 较小时，算法无法达到预期的性能指标。反之，当问题中存在少数相互作用的决策变量时，若 s 较大，算法的性能就不能得到充分的发挥。为了解决这个问题，Yang[26] 提出了一种多层次合作协同进化（MLCC）算法。该算法是提供一个数组，其中包括可能的 s 值，而不是使用一个固定的值。进化过程允许测量不同大小的子组的性能。就性能指标而言，更好的值更有可能在下一轮进化中被选中。通过这种方式，该策略能够解决指定 s 值的问题。然而，这种多层次策略存在一个问题，即如果选择了一个 s 值，该变量就会被分组为几个大小相同的子组。在许多实际问题中，出现相互影响的组的规格是相同的。因此，最有效的策略是自适应地找出规格和子组的数量。

扰动策略在某种程度上比随机分组更有说服力。扰动策略的关键是使用各种方法来扰动决策变量。最终，通过检测相应目标函数的变化来检测决策变量之间的交互作用。在大多数情况下，该策略的分解阶段是离线进行的。当检测到所有决策变量的交互作用时，分解阶段就开始了，这反过来又启动了优化过程。在合作协同进化的背景下，越来越多依赖于扰动的分解算法被开发出来，如 DG[24] 和 DG2[15]。DG 的执行方式是首先检测问题中第一决策变量和其他决策变量两两间的交互信息。当算法发现第一个变量和任何其他决策变量对内的交互作用时，可以从整个变量集中取出这个决策变量，并将其放入一个子组。

这个策略的另一个关键点是在确定是否存在交互作用时使用的衡量标准。DG 使用一个用户设定的阈值确定是否有交互，这种方法在判断互动方面的干扰性太大，而且人为因素对分解结果有很大影响。因此，2017 年，Omidvar 等人[15] 提出了 DG2。DG2 的一个贡献是通过消除人为因素对交互作用的影响，改善了 DG 需要阈值处理的缺点。它将根据问题的特点自动确定阈值，具有更高的实用性。

此外，相关学者还专门提出了基于阈值的分解策略：通过预先设定子组的相关阈值来分解决策变量。例如，RDG[27]、RDG3[28] 和 DGSC[29] 算法。RDG3 算法通过设置一个阈值指定子组的大小，解决了 LSGO 的重叠问题。DGSC 算法预先确定了子组的数量，并使用聚类对决策变量进行分组，可以避免分组不均匀的问题，节省了计算空间。但是，这类算法忽略了决策变量之间的耦合依赖关系，很难将紧密依赖的变量放在相同的子组中，从而难以达到预期的优化效果。

除了上述方法外，还有两种基于分解的策略，即交互作用适应和模型构建。交互作用适应这一策略的核心是优化基因序列进化的同时检测染色体的交互作用。函数中涉及的变量也需要优化。这一类策略的主要方法包括 Jim Smith 在 1993 年提出的连锁进化遗传（LEGO）算法。这种算法的重点是利用基因的重组机制。结合现实世界的问题，一个新的个体是来自父母的遗传物质自由组合的结果。而组成新个体的遗传物质的数量是无法计算的。因此，在进化优化的过程中，种群中的个体也是来自父母的遗传排列组合的结果。如果在创造新个体之前，父母的基因使用了特殊的连锁标记，那么后代的基因也会有这种特殊的标记。在产生子代时，与亲代相比，连锁的位置很可能发生了变化。具有更多连锁位置变化的个体被认为是更密切的互动。在接下来的进化过程中，联系更紧密的个体可以有更高的繁殖概率[30-31]。

这种模型构建策略的核心思想是建立一个概率模型，这个模型是根据群体的潜在解决方案构建的，在优化过程中也被不断优化，新的个体从这个模型中产生。大多数比较流行的模型构建算法是多年前提出的，主要包括紧凑遗传算法（CGA），算法数据如表 6.1 所列。

表 6.1　算法数据

参数	D1	D2
1(Year)	1	0
2(Month)	1	0
3(Day)	1	1
4(Hours)	0	0
5(Minutes)	0	1
6(Seconds)	0	0
7(You)	1	1
8(Me)	0	0

1999 年，Harik 提出了贝叶斯优化算法(BOA)；2002 年，Pelikan 提出了分级贝叶斯优化算法(Hierarchical BOA)。除此之外，Griewank 还提出了分区准牛顿算法用于处理某些 LSGO 挑战。这项工作的关键点是通过近似拟牛顿公式对矩阵进行分区，使用了分解的思想，将矩阵划分为块。这些块之间没有任何联系，让使用拟牛顿公式的分量函数逐渐近似于矩阵的分解块，几个矩阵块的总和构成了目标函数值。

6.3.2　Jaccard 相似系数

数据挖掘任务涉及海量数据的相似性计算，如检索到的文档的相似性、用户之间的相似性等，这些数据通常具有很高的维度，用 one-hot 编码的文档数据的维度相当于一个字典的大小。在数据量大、数据维度高的情况下，计算两个对象之间的相似性需要花费大量时间。

Min hash 函数近似算法可以在相似的精度下大大提高运算效率。在引入 min hash 函数值之前，先介绍一下 Jaccard 相似系数。Jaccard 相似系数经常被用来计算出具有符号或布尔度量的个体之间的相似度，这些个体的特征属性是通过符号或布尔度量检测的。因此，它不可能估计差异的具体数值的大小，而只能得到"相似与否"的结果。因此，Jaccard 相似系数只与个体间共有特征的一致性有关。

对于两个数据集 A 和 B，Jaccard 相似系数被认为是两个数据集的交集大小与并集大小的商，定义如下：

$$J(A, B) = \frac{|A \cap B|}{|A \cup B|} = \frac{|A \cap B|}{|A| + |B| - |A \cap B|} \tag{6.4}$$

$J(A, B)[0, 1]$，若 A 和 B 是不包含元素的集合，则 $J(A, B)$ 表示为1。与 Jaccard 相似系数相关的度量被称为 Jaccard 距离。它表达了集合的不相似性。

Jaccard 距离越大，样本的相似度越低。这个公式的表达方式如下：

$$d_j(A, B) = 1 - J(A, B) = \frac{|A \cup B| - |A \cap B|}{|A \cup B|} = \frac{A \Delta B}{|A \cup B|} \tag{6.5}$$

式中，$A \Delta B = |A \cup B| - |A \cap B|$ 为对称差分。因此，Jaccard 相似系数越高，样本的重叠度就越大。假设 D1 和 D2 是给定的两个文档，其特征向量是用 one-hot 编码的。若位置是 1，则该文件有相应的词，如图 6.1 所示。可以用 Jaccard 相似系数计算出两个向量的相似度。Jaccard 相似系数是 A 和 B 交集处元素的规格除以 A 和 B 并集处元素的规格。因此，上述文件 D1 和 D2 的相似度为 2/5。

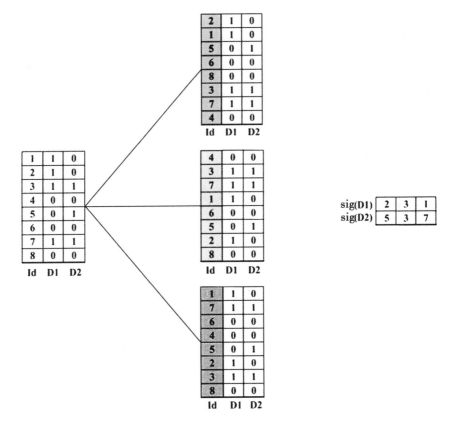

图 6.1 最小散列过程

如果 p 代表样本的维度数，样本 D_1 和 D_2 的维度数都是 1；q 代表维度大小或维度数，其中样本 D1 的维度大小为 1，样本 D2 的维度大小为 0；r 是指样本 D1 为 0 或样本 D2 为 0 的维度大小；s 表示样本 D1 和 D2 都是 0 的维度数。因

此, 样本 D1 和 D2 的 Jaccard 相似系数可以改写为

$$J = \frac{p}{p+q+r} \qquad (6.6)$$

式中, $p+q+r$ 为样本 D1 和 D2 的并集的元素数; p 为样本 D1 与 D2 的交集的元素个数。

6.3.3 哈希函数

Min hash 函数是指从用户喜欢的所有项目中随机抽取 n 个项目, 这 n 个项目都有相同的少数用户被认为是兴趣相似的用户, 属于同一个集群。min hash 函数的最初应用包括对网络文档中的近似重复内容进行聚类和消除, 这是由这些文档中出现的词语集所描述的。min hash 函数在这种情况下属于一种聚类算法, 它根据用户和他们喜欢的商品进行聚类, 并将拥有相同喜欢的商品的用户聚为一个聚类。

Min hash 函数的优点: ①计算相对简单, 由于 min hash 函数本身的特性, 决策变量分解的效率得到了提高, 比两个用户之间的比较效率更高; ②可以快速识别具有相同属性的用户; ③可以简单地对用户进行聚类, 对于决策变量的拆分更加准确, 保证了出色的优化性能。

Min hash 函数是一种近似 Jaccard 相似系数的方法, 主要步骤如下: ①将向量 D1 和 D2 的维度随机化 m 次; ②找到 D1 和 D2 重新排列后第一行非零行索引, 该索引由函数表示, 即 $h(\text{D1})$, $h(\text{D2})$, 其中函数 $h(\ )$ 是指 min hash。在进行了 m 次随机排列后, 可以得到 D1 和 D2 的新特征向量:

$$\text{sig}(\text{D1}) = [h_1(\text{D1}), h_2(\text{D1}), \cdots, h_m(\text{D1})] \qquad (6.7)$$

$$\text{sig}(\text{D2}) = [h_1(\text{D2}), h_2(\text{D2}), \cdots, h_m(\text{D2})] \qquad (6.8)$$

这个过程如图 6.1 所示, 其中 $m=3$。在得到新的特征向量 sig(D1) 和 sig(D2)后, 可以计算每个位置相同的概率, 为 $p=1/3$(即第一个非零行具有相同的索引), 这是 Jaccard 相似系数的一个近似值。这一结论主要是基于以下原则:

$$p[h(\text{D1}) = =h(\text{D2})] = J(\text{D1}, \text{D2}) \qquad (6.9)$$

将两个向量 D1, D2 重新排列后, 每个维度上存在三种可能性, 证明过程如下。①D1 和 D2 在这一个维度上都是 1, 这相当于式(6.6)中的 p。②D1, D2 在这个维度上只有一个向量是 1, 这对应于式(6.6)中的 $q+r$。③D1 和 D2 在这

个维度上都是 0。min hash 得到的新向量 sig(D1)是 D1 的第一个非零行索引,
那么 sig(D1)和 sig(D2)在第一个非零行的索引相同的概率是 $p/(p+q+r)$,这就
是 Jaccard 相似系数公式。如果使用完整的排列组合(即考虑所有的排列组
合),min hash 给出了准确的 Jaccard 值。然而,在实际应用中,通常使用 m 个
排列来提高效率,可以将原始向量转化为长度为 m 的新向量。

6.4　MHD 算法

综上,本书提出了基于分解策略和 min hash 的改进算法 MHD,该算法的框
架如算法 6.1 所示,其具体步骤如下。

算法 6.1　MHD 算法框架

Input:

N: Population size;

Output:

Solution: Optimal solution;

Step 1 Initialization:

1: *best*←Population initialization, *Fes*←*N*;

2: Crossover rate initialization; / * Reference algorithm SaNSDE * /

Step 2 Min hash determination of decision variable interactions

3: First, the decision vectors are subjected to min-max normalization, and then the interaction between the decision vectors is determined using the min hash function.Finally, the size of the similarity coefficient is used to determine whether the decision variables are similar or not;

Step 3 Variable grouping:

4: Grouping is implemented using the depth first search strategy;

Step 4 Optimize population:

5: **while** *Fes* < *Max_Fes* **do**

6: 　**for** i←1 to *group_num* **do** / * *group_num* is the number of subcomponents * /

7: 　　Use optimizer to optimize the current subcomponent, obtains the newly optimized value *best_ new*[42];

8: 　　Calculate the contribution *de* of the subcomponent.store in Δ;

9: 　**end**

10: 　(C, I)←*sort*$(\Delta, descending)$;

11: 　**while** $C_1 > C_2$ and *Fes* <*Max_Fes* **do**/ * Select the subgroup with the largest contribution * /

12: 　　Repeat line 8, and calculate the contribution *de* of the subcomponent[42];

13：   Update the contribution of subgroups $\Delta \leftarrow C \leftarrow de$；

14： **end**

15：**end**

16：**return** *solution←best_new*；

（1）初始化。首先，随机初始化最佳种群（算法 6.1 第 1 行）。函数评估的次数 *Fes* 与种群大小相同。其次，优化引擎初始化交叉率（算法 6.1 第 2 行），详细参数设置参考 SaNSDE 算法[32]。

（2）决策变量交互作用的 min hash 函数确定。在确定决策变量的交互关系时，本书采用 min hash 函数策略，如图 6.1 所示。在确定交互关系之前，我们对决策向量进行规范化处理，以便于执行 min hush 函数（算法 6.1 第 3 行）。我们使用最小最大规范化，它也被称为离群值规范化。它使结果映射在 0 和 1 之间。它有提高模型性能优点。我们根据图 6.1 所示的过程获得决策变量之间的相似性。获得的数据被储存起来，为下一步做准备。

（3）变量分组。基于分解的大规模优化策略用于寻找全局最优解。在这个过程中，决策空间被分解成几个子空间，表现出明确的交互作用的变量被划分到相同的子组中。在这个关键步骤中，使用深度优先搜索（DFS）策略，对具有交互关系的决策变量进行分组。事实上，深度优先搜索是图算法的一种。这个过程简述为尽可能深入每个可能的分支路径，每个节点只能被访问一次。DG2 使用深度优先搜索策略实现决策变量的分组[22]。

（4）群体进化。基于贡献的策略被用于优化子组。而所提出的方法中的优化器为 SaNSDE。首先，它根据分组结果对种群的初始值进行优化，并得到新的值（算法 6.1 第 7 行）。其次，它计算出当前子组的贡献 *de*，并存储在数组中（算法 6.1 第 8 行）。然后，选择对适应函数影响最大的子组（即贡献最大）作为优化对象（算法 6.1 第 11 行）。算法 6.1 第 12 行的效果与算法 6.1 第 7 行的效果相同。最后，更新当前子组的贡献（算法 6.1 第 13 行）[24]，开始新一轮的优化。

6.5 算例分析

为了说明本书提出的 MHD 算法的合理性，采用标准算例进行了一组比较实验，分别进行精度比较、收敛性比较和稳定性比较。比较的算法包括：

①SaNSDE，它使用差分进化（DE）的变换作为 CC 框架中使用的优化器；②CBCC3-DG2，它使用改进的差分分组策略并将分组策略与基于贡献的 CC 方法相结合；③DECG-G，它使用随机策略实现分组，也是其他论文中使用最多的比较算法。

这些算法在 CEC 2013 测试实例中实现[20]，每个测试问题在 1000 维的测试实例中使用。CEC 2013 测试实例包括 15 个函数：完全可分离函数（$f_1 \sim f_3$）、局部可分离函数（$f_4 \sim f_{11}$）、重叠函数（$f_{12} \sim f_{14}$）和完全不可分离的函数（f_{15}）。性能指标采用的是广泛使用的平均归一化分数（MNS）和标准归一化分数（SNS）[33]，其定义为

$$score_i(algo) = \log(mean(f_i(x))) \tag{6.10}$$

$$mean\_normalized\_score_i(algo) = \frac{score_i(algo)}{score_i(SaNSDE)} \tag{6.11}$$

$$score_i(algo) = \log(std(f_i(x))) \tag{6.12}$$

$$std\_normalized\_score_i(algo) = \frac{score_i(algo)}{score_i(SaNSDE)} \tag{6.13}$$

本书提出的算法和比较的算法都在每个测试问题上运行了 25 次。所有算法使用的最大函数评估值为 3000000。种群的大小也被设定为 100。每个算法都使用模拟的二进制交叉和该领域常见的多项式变量[34]。交叉概率和变异概率是采用 SaNSDE 算法设置的。本书中比较算法的其他参数与参考文献中设置的相同，以得到更好的公平性[9, 35-36]。

6.5.1 精度结果比较和分析

表 6.2 表示了各算法的统计结果。在前三个测试问题函数（$f_1 \sim f_3$）中，MHD 算法仍能表现较好，事实上，FCA-G 算法在第 4 至第 9 个测试问题函数（$f_4 \sim f_9$）及三分之一的重叠测试问题（f_{14}）中打败了 CBCC3-DG2 和 SaNSDE 算法，在最后一个测试函数（f_{15}）上，MHD 算法的表现优于其他比较算法。通过结构可以看到，MHD 算法在大多数测试实例上表现得最出色，而 DECC-G 算法在一些测试函数（$f_1 \sim f_3$）上也获得了出色的性能。具体来说，MHD 算法在函数（$f_4 \sim f_{11}$）和一个重叠函数（f_{14}）上取得了最好的效果，与 CBCC3-DG2 算法相比，MHD 算法的表现与 SaNSDE 算法非常接近。与 DECC-G 算法相比，MHD 算法的表现更好，效率更高，尤其是在函数 $f_4 \sim f_9$ 上的表现。上述结果验证了 MHD

算法在处理各种 LSGO 问题上的优势。与 SaNSDE、CBCC3-DG2 和 DECC-G 算法相比，MHD 算法中使用的分组策略对处理 LSGO 问题更为有效。原因在于 MHD 算法使用 min hash 函数策略确定决策变量之间的交互作用。它可以通过交叉和串联操作进一步明确决策变量之间的交互关系，然后将具有交互关系的变量分解为一个子组。在进化过程中，分解决策变量有利于确定最优解。根据决策变量之间的相互作用来分解变量是一种更有说服力的方法。目前，有很多方法是通过分析决策变量的相互作用完成变量的分解，然后寻求全局最优解的。虽然 SaNSDE、CBCC3-DG2 和 DECC-G 等算法也采用了基于学习的分解策略，但 DECC-G 算法的分解过程过于粗糙，忽略了决策变量的交互作用，DECC-G 算法将有交互作用的变量分解到不同的子组中，而没有交互作用的变量被强制分解到同一子组中[37]。

表 6.2　各算法结果比较

函数	统计数据	MHD	SaNSDE	CBCC3-DG2	DECC-G
f_1	min	1.03E+04	1.12E+03	1.94E+04	**7.69E−07**
	mean	1.17E+05	3.44E+04	1.59E+05	**3.43E−06**
	std	1.18E+05	2.74E+04	2.60E+05	3.28E−06
f_2	min	7.69E+03	8.23E+03	8.36E+03	**1.26E+03**
	mean	9.39E+03	8.90E+03	9.52E+03	**1.30E+03**
	std	1.23E+03	4.68E+02	8.21E+02	3.95E+01
f_3	min	2.08E+01	2.08E+01	2.08E+01	**2.02E+01**
	mean	2.08E+01	2.08E+01	2.08E+01	**2.02E+01**
	std	1.04E−02	9.09E−03	4.40E−03	4.28E−03
f_4	min	**1.74E+07**	3.16E+09	3.44F407	3.50F+10
	mean	**2.73E+07**	4.00E+09	6.85E+07	9.22E+10
	std	**9.58E+06**	5.15E+08	3.54E+07	5.52E+10
f_5	min	1.81E+06	2.28E+06	**1.43E+06**	5.33E+06
	mean	1.96E+06	3.27E+06	**1.61E+06**	7.56E+06
	std	1.15E+05	7.14E+05	**1.75E+05**	1.59E+06
f_6	min	**1.05E+06**	**1.05E+06**	**1.05E+06**	**1.05E+06**
	mean	1.05E+06	1.05E+06	1.05E+06	1.06E+06
	std	1.96E+06	4.44E+03	2.09E+03	3.19E+03
f_7	min	**5.29E+01**	2.27E+06	1.29E+04	1.67E+08
	mean	**2.70E+02**	2.96E+06	3.89E+04	2.14E+08
	std	**3.27E+02**	7.02E+05	3.50E+04	5.95E+07

表6.2(续)

函数	统计数据	MHD	SaNSDE	CBCC3-DG2	DECC-G
f_8	min	**4.12E+09**	1.18E+12	7.35E+09	1.06E+15
	mean	**9.21E+10**	2.55E+12	4.21E+10	2.18E+15
	std	**8.94E+10**	1.21E+12	3.60E+10	1.08E+15
f_9	min	**1.23E+08**	2.52E+08	**1.01E+08**	3.94E+08
	mean	**1.44E+08**	2.60E+08	**1.45E+08**	5.50E+08
	std	**1.65E+07**	1.45E+07	**3.08E+07**	9.52E+07
f10	min	9.32E+07	9.28E+07	9.27E+07	**9.26E+07**
	mean	9.34E+07	9.30F+07	9.36E+07	**9.27E+07**
	std	2.29E+05	2.13E+05	8.92E+05	**1.87E+05**
f_{11}	min	**5.92E+05**	1.04E+08	1.06E+07	1.27E+10
	mean	**3.08E+06**	1.87E+08	6.98E407	5.35E+10
	std	**3.31E+06**	6.89E+07	1.95E+08	2.93E+10
f_{12}	min	1.32E+05	1.07E+04	1.37E+05	**3.26E+03**
	mean	3.72E+05	7.87E+04	5.73E+05	**4.77E+03**
	std	2.71E+05	9.85E+04	4.52E+05	**2.72E+03**
f_{13}	min	9.86E+08	**6.81E+07**	2.62E+08	4.72E+09
	mean	2.13E+09	**1.59E+08**	3.56E+08	6.94E+09
	std	1.27E+09	**6.97E+07**	9.31E+07	1.69E+09
f_{14}	min	**9.29E+06**	7.03E+07	1.08E+08	3.33E+10
	mean	**1.36E+07**	1.54E+08	1.87E+08	8.59E+10
	std	**3.71E+06**	1.22E+08	4.45E+07	3.64E+10
f_{15}	min	4.88E+06	**3.07E+06**	4.23E+06	7.59E+06
	mean	7.04E+06	**3.67E+06**	4.45E+06	1.66E+07
	std	3.32E+06	6.18E+05	3.69E+05	1.49E+07

6.5.2　收敛性结果比较和分析

为了验证所提出算法的性能,本文进行了扩展实验来验证 MHD 算法的收敛能力,如图6.2 所示。图6.2 中,图(f_1)~图(f_{15})表示 MHD 算法对函数f_1~f_{15}的收敛过程。在这个实验中,通过等间隔取 30 个点来比较各算法的收敛性。所有在收敛曲线附近的点都是由 25 次独立运行得到的平均值。

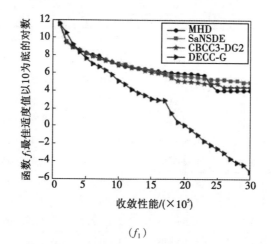

(f_1)

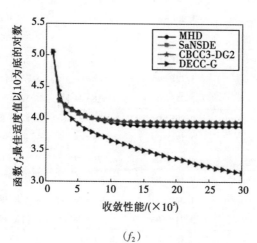

(f_2)

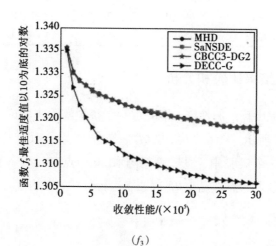

(f_3)

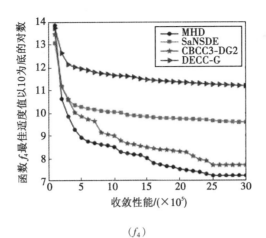

(f_4)

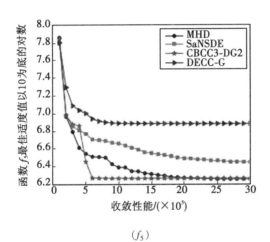

(f_5)

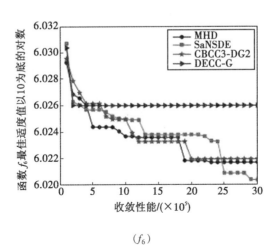

(f_6)

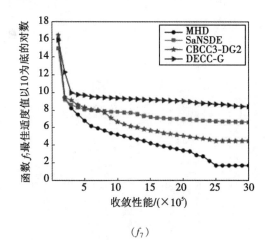

(f_7)

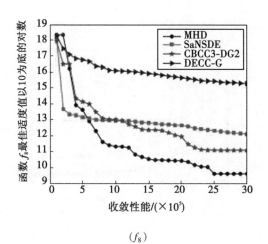

(f_8)

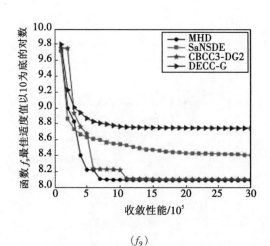

(f_9)

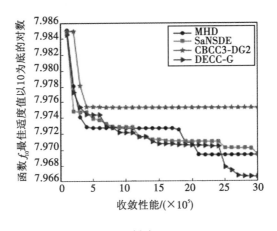

(f_{10})

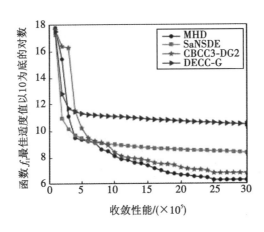

(f_{11})

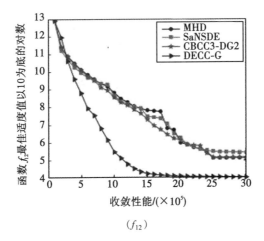

(f_{12})

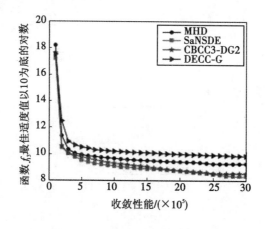

(f_{13})

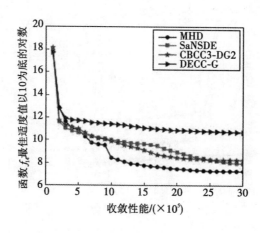

(f_{14})

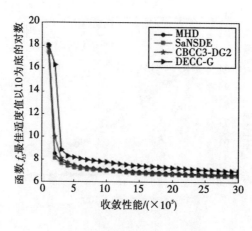

(f_{15})

图 6.2　各算法的收敛曲线分析

从图 6.2 中，我们可以观察到 MHD 算法可以在大多数测试函数中快速收敛到一个较小的值。具体来说，MHD、SaNSDE 和 CBCC3-DG2 算法在函数 $f_1 \sim f_3$ 和 f_{15} 上表现出相似的收敛性能，由于 DECC-G 算法采用了随机分组策略和合作协同进化，它固定了子组的大小并实现了计算资源的均匀分布。DECC-G 算法在前三个函数 $(f_1 \sim f_3)$ 上有卓越的表现，MHD 算法在第 4 至第 11 个函数 $(f_4 \sim f_{11})$ 上的收敛能力比其他算法要好。在函数 $f_{12} \sim f_{14}$ 上，每种算法都有自己的优势，DECC-G 算法在函数 f_{12} 上获得了最快的收敛速度和最好的数值；在函数 f_{14} 上，三种比较算法都陷入了过早收敛的困境。虽然 MHD 算法在早期阶段表现不佳，但它在搜索过程中能保持良好的收敛趋势以达到最优。因此，MHD 算法获得了更好的解决方案，如图 6.2(f_{14}) 所示。

本书提出的 MHD 算法在收敛性方面表现优异，主要是由于 MHD 算法可以在精准分析变量交互作用的情况下进行更好的分组，这种方法可以提高优化过程中分解决策变量的可行性。此外，可以得出结论，正确分析决策变量之间的交互作用为分解过程提供了良好的前提条件，有助于寻找最优解。因此，min hash 函数策略在大规模全局优化中的决策变量关联分析问题上有一定的效果。

6.5.3 稳定性结果比较和分析

为了评估算法的稳定性，MHD 算法与 SaNSDE、CBCC3-DG2 和 DECC-G 算法进行了比较。图 6.3 显示了四种算法获得的平均归一化分数(MNS)，其中纵坐标表示平均归一化分数(数值越低表示性能越好)。图 6.4 比较了各算法获得的标准偏差归一化分数(SNS)结果，其中纵坐标表示标准偏差归一化分数得分。

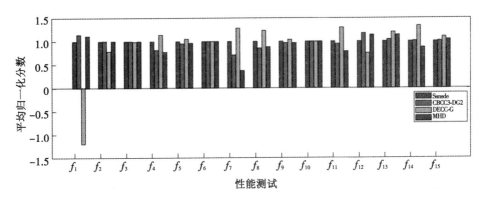

图 6.3 四种算法稳定性比较

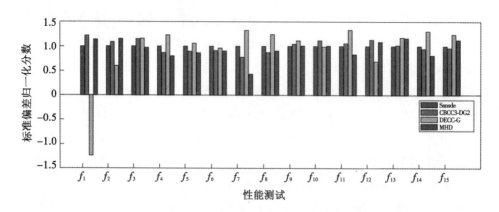

图 6.4　四种算法标准偏差归一化分析

从这些数字中，可以看出，MNS 和 SNS 的结果是 MHD 算法在测试函数f_4，f_5，f_7，f_8，f_9，f_{11}，f_{14}上优于与该算法进行比较的算法。在测试函数f_3，f_6，f_{10}上，每种算法的 MNS 几乎相同。函数$f_4 \sim f_{11}$是部分可分离的函数，包含各种交互变量，这些变量在优化结果中起着积极或消极的作用。MHD 算法将在演化过程中起积极作用的变量划分为一个子组。这种分解方法是合理的，有助于在搜索过程中确定最优解，同时提高了优化的稳定性。

MHD 算法所使用的策略与 SaNSDE、CBCC3-DG2 和 DECC-G 三种算法相比，在处理 LSGO 问题上是有效的。原因是 MHD 算法使用 min hash 函数策略确定决策变量之间的交互关系。它可以通过交叉和串联操作进一步明确决策变量之间的交互关系，从而得出更准确的结论。在确定交互作用关系方面，比较算法比 MHD 算法简单，因此在稳定性方面取得了一定的优势。

6.6　本章小结

在本章中，提出了一种称为 MHD 算法的大规模变量关系分析策略来处理 LSGO 问题。MHD 算法引入了 min hash 函数来分析决策变量之间的相互依赖关系，然后对其进行自适应分组。具体来说，根据决策变量的特点，将大范围的决策空间分解为若干小范围的搜索空间，利用 min hash 函数确定决策变量之间的交互关系。在这个关键步骤中，本章采用深度优先搜索（DFS）策略，对具有交互关系的决策变量进行聚类，这个过程尽可能深入每个可能的分支路径，每个节点只能被访问一次。DG2 使用深度优先的搜索策略实现决策变量的分组。

实验结果证明，MHD 算法比与其进行比较的算法表现出明显的优势，特别是在具有多达 1000 个决策变量的部分可分离基准实例上，MHD 算法的优势更加明显。

参考文献

［1］　BHOWMIK T, LIU H, YE Z, et al.Dimensionality reduction based optimization algorithm for sparse 3-D image reconstruction in diffuse optical tomography［J］.Scientific reports, 2016, 6(3)：22242.

［2］　MA L, CHENG SH, SHI Y H, Enhancing learning efficiency of brain storm optimization via orthogonal learning design［J］.IEEE transactions on systems, man, and cybernetics.systems, 2021, 51(11)：6723-6742.

［3］　CHENG L, LI X H, HAN ZH, et al.Path-based multi-sources localization in multiplex networks［J］.Chaos, solitons & fractals, 2022, 159：112-139.

［4］　TENG H F, CHEN Y, ZENG W, et al.A dual-system variable-grain cooperative coevolutionary algorithm：satellite-module layout design［J］.IEEE transactions on evolutionary computation, 2010, 14(3)：438-455.

［5］　KIMURA S, IDE K, KASHIHARA A, et al.Inference of S-system models of genetic networks using a cooperative coevolutionary algorithm［J］.Bioinformatics, 2005, 21(7)：1154-1163.

［6］　FAN J C, WANG J, HAN M.Cooperative coevolution for large-scale optimization based on kernel fuzzy clustering and variable trust region methods［J］.IEEE transactions on fuzzy systems, 2014, 22(4)：829-839.

［7］　CHEN W X, WEISE T, YANG Z Y, et al.Large-scale global optimization using cooperative coevolution with variable interaction learning［C］∥ Parallel Problem Solving from Nature-PPSN XI.p. Ⅱ, 2010：300-309.

［8］　LIU W M, ZHOU Y D, LI B, et al.Cooperative co-evolution with soft grouping for large scale global optimization［C］∥2019 IEEE Congress on Evolutionary Computation：IEEE Congress on Evolutionary Computation（CEC）, 10-13 June 2019, Wellington, New Zealand, 2019：318-325.

［9］　XUE X S, ZHANG J.Matching large-scale biomedical ontologies with central concept based partitioning algorithm and adaptive compact evolutionary algorithm[J].Applied soft computing, 2021, 106(C): 107343.

[10] XUE X S, JIANG C.Matching sensor ontologies with multi-context similarity measure and parallel compact differential evolution algorithm[J].IEEE sensors journal, 2021, 21(21): 24570-24578.

[11] STRASSER S, SHEPPARD J, FORTIER N, et al.Factored evolutionary algorithms[J].IEEE transactions on evolutionary computation, 2017, 21(2): 281-293.

[12] MA L B, HUANG M, YANG S X, et al.An adaptive localized decision variable analysis approach to large-scale multiobjective and many-objective optimization[J].IEEE transactions on cybernetics, 2022, 52(7): 6684-6696.

[13] MA L B, LI N, GUO Y N, et al.Learning to optimize: reference vector reinforcement learning adaption to constrained many-objective optimization of industrial copper burdening system[J].IEEE transactions on cybernetics, 2022, 52(12): 12698-12711.

[14] CHENG R, JIN Y CH.A competitive swarm optimizer for large scale optimization[J].IEEE transactions on cybernetics, 2015, 45(2): 191-204.

[15] OMIDVAR M N, YANG M, MEI Y, et al.DG2: a faster and more accurate differential grouping for large-scale black-box optimization[J].IEEE transactions on evolutionary computation, 2017, 21(6): 929-942.

[16] MA L B, WANG X W, HUANG M, et al.Two-level master-slave rfid networks planning via hybrid multiobjective artificial bee colony optimizer[J].IEEE transactions on systems, man, and cybernetics, 2019, 49(5): 861-880.

[17] LATORRE A, MUELAS S, PENA J M.Large scale global optimization: experimental results with MOS-based hybrid algorithms[C]//2013 IEEE Congress on Evolutionary Computation: 2013 IEEE (Institute of Electrical and Electronics Engineers) Congress on Evolutionary Computation (CEC), 20-23 June 2013, Cancun, Mexico, 2013: 2742-2749.

[18] YANG Z Y, TANG K, YAO X.Multilevel cooperative coevolution for large scale optimization[C]//2008 IEEE Congress on Evolutionary Computation: Hong Kong, China 1-6 June 2008 Pages 1581-2108, [v.4], 2008: 1663-1670.

[19] POTTER M A, DE JONG K A.A cooperative coevolutionary approach to

function optimization[C]//Lecture Notes in Computer Science; Vol.866, 1994.

［20］　OMIDVAR M N, LI X D, YAO X.Smart use of computational resources based on contribution for cooperative co-evolutionary algorithms[C]//Proceedings of the 13th Annual Conference on Genetic and Evolutionary Computation.vol.2, 2011: 1115-1122.

［21］　LIU Y, YAO X, ZHAO Q F, et al.Scaling up fast evolutionary programming with cooperative coevolution[C]//2001 Congress on Evolutionary Computation (CEC2001), vol.2, 2001: 1101-1108.

［22］　OMIDVAR M N, LI X D, YAO X.Cooperative co-evolution with delta grouping for large scale non-separable function optimization[C]//IEEE Congress on Evolutionary Computation.[v.1], 2010.

［23］　OMIDVAR M N, LI X D, MEI Y, et al.Cooperative co-evolution with differential grouping for large scale optimization[J].IEEE transactions on evolutionary computation, 2014, 18(3): 378-393.

［24］　OMIDVAR M N, LI X D, TANG K.Designing benchmark problems for large-scale continuous optimization[J].Information sciences, 2015, 316(C): 419-436.

［25］　WEICKER K, WEICKER N.On the improvement of coevolutionary optimizers by learning variable interdependencies[C]//Evolutionary Computation, 1999. CEC 99.Proceedings of the 1999 Congress on, 1999, 3: 1627-1632.

［26］　YANG Z Y, TANG K, YAO X, Self-adaptive differential evolution with neighborhood search[J].2008 IEEE congress on evolutionary computation, vols 1-8, 2008: 1110-1116.

［27］　SUN Y, KIRLEY M, HALGAMUGE S K.A recursive decomposition method for large scale continuous optimization[J].IEEE Transactions on evolutionary computation, 2018, 22(5): 647-661.

［28］　SUN Y, LI X D, ERNST A, et al.Decomposition for large-scale optimization problems with overlapping components[C]//2019 IEEE Congress on Evolutionary Computation: IEEE Congress on Evolutionary Computation (CEC), 10-13 June 2019, Wellington, New Zealand, 2019: 326-333.

［29］　SRINIVAS M, AMGOTH T.Data acquisition in large-scale wireless sensor networks using multiple mobile sinks: a hierarchical clustering approach[J]. Wireless networks, 2022, 28(2): 603-619.

[30] ZHU P, CHENG L, GAO CH, et al. Locating multi-sources in social networks with a low infection rate[J]. IEEE transactions on network science and engineering, 2022, 9(3): 1853-1865.

[31] YANG Q, CHEN W N, GU T L, et al. Segment-based predominant learning swarm optimizer for large-scale optimization[J]. IEEE transactions on cybernetics, 2017, 47(9): 2896-2910.

[32] YANG Z Y, TANG K, YAO X. Large scale evolutionary optimization using cooperative coevolution[J]. Information sciences, 2008, 178(15): 2985-2999.

[33] MA L B, WANG X Y, WANG X W, et al. TCDA: truthful combinatorial double auctions for mobile edge computing in industrial internet of things[J]. IEEE transactions on mobile computing, 2022, 21(11): 4125-4138.

[34] MOLINA D, LATORRE A, HERRERA F. SHADE with iterative local search for large-scale global optimization[C]//2018 IEEE Congress on Evolutionary Computation: IEEE Congress on Evolutionary Computation (CEC), 8-13 July 2018, Rio de Janeiro, Brazil, 2018: 1-8.

[35] WANG C, GAO J H. High-dimensional waveform inversion with cooperative coevolutionary differential evolution algorithm[J]. IEEE geoscience and remote sensing letters, 2012, 9(2): 297-301.

[36] WANG Y, HUANG J, DONG W S, et al. Two-stage based ensemble optimization framework for large-scale global optimization[J]. European journal of operational research, 2013, 228(2), 308-320.

[37] ZHANG Z X, DU X J JIN L, et al. Large-scale underwater fish recognition via deep adversarial learning[J]. Knowledge and information systems, 2022, 64(2): 353-379.

附　录

表 F.1　MOP 数值测试函数

函数名称	函数定义	约束条件
Binh （Binh and Korn，1996；Binh and Korn，1997）	$F=(f_1(x,y),f_2(x,y))$，其中 $f_1(x,y)=x^2+y^2$ $f_2(x,y)=(x-5)^2+(y-5)^2$	$-5 \leqslant x,y \leqslant 10$
Binh （Binh，1999）	$F=(f_1(x,y),f_2(x,y),f_3(x,y))$，其中 $f_1(x,y)=x-10^6$ $f_2(x,y)=y-2\times10^{-6}$ $f_3(x,y)=xy-2$	$10^{-6} \leqslant x,y \leqslant 10^6$
Fonseca （Fonseca，et al.，1995）	$F=(f_1(x,y),f_2(x,y))$，其中 $f_1(x,y)=1-\exp(-(x-1)^2-(y+1)^2)$ $f_2(x,y)=1-\exp(-(x+1)^2-(y-1)^2)$	
Fonseca （Fonseca，et al.，1995）	$F=(f_1(x),f_2(x))$，其中 $f_1(x)=1-\exp\left(-\sum_{i=1}^{n}\left(x_i-\dfrac{1}{\sqrt{n}}\right)^2\right)$ $f_2(x)=1-\exp\left(-\sum_{i=1}^{n}\left(x_i+\dfrac{1}{\sqrt{n}}\right)^2\right)$	$-4 \leqslant x_i \leqslant 4$ $n=2$
Kursawe （Kursawe，1991）	$F=(f_1(x),f_2(x))$，其中 $f_1(x)=\sum_{i=1}^{n-1}(-10\mathrm{e}^{-0.2}\sqrt{x_i^2+x_{i+1}^2})$ $f_2(x)=\sum_{i=1}^{n}(|x_i|^{0.8}+5\sin x_i^3)$	$-5 \leqslant x_i \leqslant 5$ $n=2$

表F. 1(续)

函数名称	函数定义	约束条件
Laumanns (Laumanns, et al., 1998)	$F=(f_1(x, y), f_2(x, y))$, 其中 $f_1(x, y)=x^2+y^2$ $f_2(x, y)=(x+2)^2+y^2$	$-50 \leqslant x, y \leqslant 50$
Lis (Lis and Eiben, 1996)	$F=(f_1(x, y), f_2(x, y))$, 其中 $f_1(x, y)=\sqrt[8]{x^2+y^2}$ $f_2(x, y)=\sqrt[4]{(x-0.5)^2+(y-0.5)^2}$	$-5 \leqslant x, y \leqslant 10$
Murata (Murata et al., 1995; Murata and Ishibuchi, 1995)	$F=(f_1(x, y), f_2(x, y))$, 其中 $f_1(x, y)=2\sqrt{x}$ $f_2(x, y)=x(1-y)+5$	$1 \leqslant x \leqslant 4$ $1 \leqslant y \leqslant 2$
Poloni (Poloni and Pediroda, 1997; Poloni, et al., 1996)	$\max F=\{f_1(x, y), f_2(x, y)\}$, 其中 $f_1(x, y)=-[1+(A_1-B_1)^2+(A_2-B_2)^2]$ $f_2(x, y)=-[(x+3)^2+(y+1)^2]$	$-\pi \leqslant x, y \leqslant \pi$, $A_1=0.5\sin1-2\cos1+\sin2-1.5\cos2$ $A_2=1.5\sin1-\cos1+2\sin2-0.5\cos2$ $B_1=0.5\sin x-2\cos x+\sin y-1.5\cos y$ $B_2=1.5\sin x-\cos x+2\sin y-0.5\cos y$
Quagliarell (Quagliarell and Vicini, 1998)	$F=(f_1(x), f_2(x))$, 其中 $f_1(x)=\sqrt{\dfrac{A_1}{n}}$ $f_2(x)=\sqrt{\dfrac{A_2}{n}}$	$A_1=\sum\limits_{i=1}^{n}(x_i^2-10\cos(2\pi x_i+10))$ $A_2=\sum\limits_{i=1}^{n}](x_i-1.5)^2-10$ $\cos(2\pi(x_i-1.5)+10)]$ $-5.12 \leqslant x_i \leqslant 5.12$ $n=16$
Rendon (Valenzuela Rendon and Uresti Charre, 1997)	$F=(f_1(x, y), f_2(x, y))$, 其中 $f_1(x, y)=\dfrac{1}{x^2+y^2+1}$ $f_2(x, y)=x^2+3y^2+1$	$-3 \leqslant x, y \leqslant 3$

表F.1(续)

函数名称	函数定义	约束条件
Rendon (Valenzuela Rendon and Uresti Charre, 1997)	$F=(f_1(x,y),f_2(x,y))$,其中 $f_1(x,y)=x+y+1$ $f_2(x,y)=x^2+2y-1$	$-3\leqslant x,y\leqslant 3$
Schaffer (Jones,et al., 1998; Norris Crossley,1998; Schaffer, 1985)	$F=(f_1(x),f_2(x))$,其中 $f_1(x)=x^2$ $f_2(x)=(x-2)^2$	$-3\leqslant x\leqslant 3$
Schaffer (Srinivas et al., 1994; Bentley et al., 1997)	$F=(f_1(x),f_2(x))$,其中 $f_1(x)=\begin{cases}-x, & x\leqslant 1\\ -2+x, & 1<x\leqslant 3\\ 4-x, & 3<x\leqslant 4\\ -4+x, & x\geqslant 4\end{cases}$ $f_2(x)=(x-5)^2$	$-5\leqslant x\leqslant 10$
Vicini (Vicini and Quagliarella, 1997)	$F=(f_1(x,y),f_2(x,y))$,其中 $f_1(x,y)$ $=-\sum_{i=1}^{20}H_i\exp\left(\dfrac{(x-x_i)^2+(y-y_i)^2}{2\sigma_i^2}\right)+3$ $f_2(x,y)$ $=-\sum_{i=1}^{20}H_i\exp\left(\dfrac{(x-x_i)^2+(y-y_i)^2}{2\sigma_i^2}\right)+3$	$0\leqslant H_i\leqslant 1$ $-10\leqslant x,x_i,y,y_i\leqslant 10$ $1.5\leqslant\sigma_i\leqslant 2.5$
Viennet (Viennet,et al., 1996)	$F=(f_1(x,y),f_2(x,y),f_3(x,y))$,其中 $f_1(x,y)=x^2+(y-1)^2$ $f_2(x,y)=x^2+(y+1)^2+1$ $f_3(x,y)=(x-1)^2+y^2+2$	$-2\leqslant x,y\leqslant 2$

表F.1（续）

函数名称	函数定义	约束条件
Viennet (Viennet, et al., 1996)	$F=(f_1(x,y),f_2(x,y),f_3(x,y))$，其中 $f_1(x,y)=\dfrac{(x-2)^2}{2}+\dfrac{(y+1)^2}{13}+3$ $f_2(x,y)=\dfrac{(x+y-3)^2}{36}+\dfrac{(-x+y+2)^2}{8}-17$ $f_3(x,y)=\dfrac{(x+2y-1)^2}{175}+\dfrac{(2y-x)^2}{17}-13$	$-4\leqslant x,y\leqslant 4$
Viennet (Viennet, et al., 1996)	$F=(f_1(x,y),f_2(x,y),f_3(x,y))$，其中 $f_1(x,y)=0.5(x^2+y^2)+\sin(x^2+y^2)$ $f_2(x,y)=\dfrac{(3x-2y+4)^2}{8}+\dfrac{(x-y+1)^2}{27}+15$ $f_3(x,y)=\dfrac{1}{(x^2+y^2+1)}-1.1e(-x^2-y^2)$	$-3\leqslant x,y\leqslant 3$

表F.2　MOP 数值测试函数（带偏约束）

函数名称	函数定义	约束条件
Belegundu (Belegundu, et al., 1994)	$F=(f_1(x,y),f_2(x,y))$，其中 $f_1(x,y)=-2x+y$ $f_2(x,y)=2x+y$	$0\leqslant x\leqslant 5$ $0\leqslant y\leqslant 3$ $-x+y-1\leqslant 0$ $x+y-7\leqslant 0$
Binh (Binh and Korn, 1997)	$F=(f_1(x,y),f_2(x,y))$，其中 $f_1(x,y)=4x^2+4y^2$ $f_2(x,y)=(x-5)^2+(y-5)^2$	$-5\leqslant x\leqslant 15$ $-5\leqslant y\leqslant 15$ $(x-5)^2+y^2-25\leqslant 0$ $-(x-8)^2-(y+3)^2+7.7\leqslant 0$
Binh (Binh and Korn, 1997)	$F=(f_1(x,y),f_2(x,y),f_3(x,y))$，其中 $f_1(x,y)=1.5-x(1-y)$ $f_2(x,y)=2.25-x(1-y^2)$ $f_3(x,y)=2.625-x(1-y^3)$	$-10\leqslant x,y\leqslant 10$ $-x^2-(y-0.5)^2+9\leqslant 0$ $(x-1)^2+(y-0.5)^2-6.25\leqslant 0$
Jimenez (Jimenez and Verdegay, 1998)	$\max F=\{f_1(x,y),f_2(x,y)\}$，其中 $f_1(x,y)=5x+3y$ $f_2(x,y)=2x+8y$	$0\leqslant x,y\leqslant 100$ $x+4y-100\leqslant 0$ $3x+2y-150\leqslant 0$ $200-5x-3y\leqslant 0$ $75-2x-8y\leqslant 0$

表 F. 2（续）

函数名称	函数定义	约束条件
Kita （Kita, et al., 1996）	$\max F = \{f_1(x, y), f_2(x, y)\}$，其中 $f_1(x, y) = -x^2 + y$ $f_2(x, y) = 0.5x + y + 1$	$0 \leqslant x, y \leqslant 7$ $\dfrac{1}{6}x + y - \dfrac{13}{2} \leqslant 0$ $\dfrac{1}{2}x + y - \dfrac{15}{2} \leqslant 0$ $5x + y - 30 \leqslant 0$
Obayshi （Obayshi, 1997）	$\max F = \{f_1(x, y), f_2(x, y)\}$，其中 $f_1(x, y) = x$ $f_2(x, y) = y$	$0 \leqslant x, y \leqslant 1$ $x^2 + y^2 \leqslant 1$
Osyczka （Osyczka, et al., 1995）	$F = (f_1(x, y), f_2(x, y))$，其中 $f_1(x, y) = x + y^2$ $f_2(x, y) = x^2 + y$	$2 \leqslant x \leqslant 7$ $5 \leqslant y \leqslant 10$ $0 \leqslant 12 - x - y$ $0 \leqslant x^2 + 10x - y^2 + 16y - 80$
Srinivas （Srinivas, et al., 1994）	$F = (f_1(x, y), f_2(x, y))$，其中 $f_1(x, y) = (x-2)^2 + (y-1)^2 + 2$, $f_2(x, y) = 9x - (y-1)^2$	$-20 \leqslant x, y \leqslant 20$, $x^2 + y^2 - 225 \leqslant 0$ $x - 3y + 10 \leqslant 0$
Osyczka （Osyczka, et al., 1995）	$F = (f_1(x), f_2(x))$，其中 $f_1(x) = -25(x_1-2)^2 + (x_2-2)^2 + (x_3-1)^2 +$ $\quad (x_4-4)^2 + (x_5-1)^2$ $f_2(x) = x_1^2 + x_2^2 + x_3^2 + x_4^2 + x_5^2 + x_6^2$	$0 \leqslant x_1, x_2, x_6 \leqslant 10$ $1 \leqslant x_3, x_5 \leqslant 5$ $0 \leqslant x_4 \leqslant 6$ $0 \leqslant x_1 + x_2 - 2$ $0 \leqslant 6 - x_1 - x_2$ $0 \leqslant 2 + x_1 - x_2$ $0 \leqslant 2 - x_1 + 3x_2$ $0 \leqslant 4 - (x_3-3)^2 - x_4$ $0 \leqslant (x_5-3)^2 + x_6 - 4$
Tamaki （Tamaki, et al., 1996）	$\max F = \{f_1(x, y, z), f_2(x, y, z), f_3(x, y, z)\}$，其中 $f_1(x, y, z) = x$ $f_2(x, y, z) = y$ $f_3(x, y, z) = z$	$0 \leqslant x, y, z \leqslant 1$ $x^2 + y^2 + z^2 \leqslant 1$

表 F. 2(续)

函数名称	函数定义	约束条件
Tanaka (Tanaka, et al., 1995)	$\max F=\{f_1(x,y),f_2(x,y)\}$，其中 $f_1(x,y)=x$ $f_2(x,y)=y$	$0\leqslant x,y\leqslant\pi$ $-x^2-y^2+1+$ $0.1\cos\left(16\arctan\dfrac{x}{y}\right)\leqslant0$ $(x-0.5)^2+(y-0.5)^2\leqslant0.5$
Viennet(4) (Viennet, et al., 1996)	$F=(f_1(x,y),f_2(x,y),f_3(x,y))$，其中 $f_1(x,y)=\dfrac{(x-2)^2}{2}+\dfrac{(y+1)^2}{13}+3$ $f_2(x,y)=\dfrac{(x+y-3)^2}{175}+\dfrac{(2y-x)^2}{17}-13$ $f_3(x,y)=\dfrac{(3x-2y+4)^2}{8}+\dfrac{(x-y+1)^2}{27}+15$	$-4\leqslant x,y\leqslant4$ $y<-4x+4$ $x>-1$ $y>x-2$

表 F. 3   DTLZ 测试函数(DTLZ1 ~ DTLZ9)

函数名称	函数定义	约束条件
DTLZ1	$\min f_1(x)=\dfrac{1}{2}x_1x_2(1+g(x))$ $\min f_2(x)=\dfrac{1}{2}x_1(1-x_2)x_2(1+g(x))$ $\min f_3(x)=\dfrac{1}{2}(1-x_1)(1+g(x))$ $g(x)=100\left(10+\displaystyle\sum_{i=3}^{m}(x_i-0.5)^2-\cos(20\pi(x_i-0.5))\right)$	s. t. $0\leqslant x_i\leqslant1,$ $i=1,2,\cdots,12$
DTLZ2	$\min f_1(x)=\cos\left(\dfrac{\pi}{2}x_1\right)\cos\left(\dfrac{\pi}{2}x_2\right)(1+g(x))$ $\min f_2(x)=\cos\left(\dfrac{\pi}{2}x_1\right)\sin\left(\dfrac{\pi}{2}x_2\right)(1+g(x))$ $\min f_3(x)=\sin\left(\dfrac{\pi}{2}x_1\right)(1+g(x))$ $g(x)=\displaystyle\sum_{i=3}^{m}(x_i-0.5)^2$	s. t. $0\leqslant x_i\leqslant1,$ $i=1,2,\cdots,12$

表F. 3(续)

函数名称	函数定义	约束条件
DTLZ3	$\min f_1(x) = (1+g(x))\cos\left(\dfrac{\pi}{2}x_1\right)\cos\left(\dfrac{\pi}{2}x_2\right)$ $\min f_2(x) = (1+g(x))\cos\left(\dfrac{\pi}{2}x_1\right)\sin\left(\dfrac{\pi}{2}x_2\right)$ $\min f_3(x) = (1+g(x))\cos\left(\dfrac{\pi}{2}x_1\right)\sin\left(\dfrac{\pi}{2}x_1\right)$ $g(x) = 100\left(\mid x \mid + \displaystyle\sum_{x_i \in x}(x_i-0.5)^2 - \cos(20\pi(x_i-0.5))\right)$	s. t. $0 \leqslant x_i \leqslant 1$, $i = 1, 2, \cdots, n$
DTLZ4	$\min f_1(x) = (1+g(x))\cos\left(\dfrac{\pi}{2}x_1^{\alpha}\right)\cos\left(\dfrac{\pi}{2}x_2^{\alpha}\right)$ $\min f_2(x) = (1+g(x))\cos\left(\dfrac{\pi}{2}x_1^{\alpha}\right)\sin\left(\dfrac{\pi}{2}x_2^{\alpha}\right)$ $\min f_3(x) = (1+g(x))\cos\left(\dfrac{\pi}{2}x_1^{\alpha}\right)\sin\left(\dfrac{\pi}{2}x_1^{\alpha}\right)$ $g(x) = \displaystyle\sum_{x_i \in x}(x_i - 0.5)^2$	s. t. $0 \leqslant x_i \leqslant 1$, $i = 1, 2, \cdots, n$
DTLZ5	$\min f_1(X) = (1+g(X_M))\cos\left(\theta_1\dfrac{\pi}{2}\right)L\cos\left(\theta_{M-2}\dfrac{\pi}{2}\right)\cos\left(\theta_{M-1}\dfrac{\pi}{2}\right)$ $\min f_2(X) = (1+g(X_M))\cos\left(\theta_1\dfrac{\pi}{2}\right)L\cos\left(\theta_{M-2}\dfrac{\pi}{2}\right)\sin\left(\theta_{M-1}\dfrac{\pi}{2}\right)$ $\min f_3(X) = (1+g(X_M))\cos\left(\theta_1\dfrac{\pi}{2}\right)L\sin\left(\theta_{M-2}\dfrac{\pi}{2}\right)$ $\theta_i = \dfrac{\pi}{4(1+g(X_M))}(1+2g(X_M)x_i),\ i = 2, 3, \cdots, (M-1)$ $g(X_M) = \displaystyle\sum_{x_i \in X_M}(x_i - 0.5)^2$	s. t. $0 \leqslant x_i \leqslant 1$, $i = 1, 2, \cdots, n$
DTLZ6	$\min f_1(X) = (1+g(X_M))\cos\left(\theta_1\dfrac{\pi}{2}\right)L\cos\left(\theta_{M-2}\dfrac{\pi}{2}\right)\cos\left(\theta_{M-1}\dfrac{\pi}{2}\right)$ $\min f_2(X) = (1+g(X_M))\cos\left(\theta_1\dfrac{\pi}{2}\right)L\cos\left(\theta_{M-2}\dfrac{\pi}{2}\right)\sin\left(\theta_{M-1}\dfrac{\pi}{2}\right)$ $\min f_3(X) = (1+g(X_M))\cos\left(\theta_1\dfrac{\pi}{2}\right)L\sin\left(\theta_{M-2}\dfrac{\pi}{2}\right)$ $\theta_i = \dfrac{\pi}{4(1+g(X_M))}(1+2g(X_M)x_i),\ i = 2, 3, \cdots, (M-1)$ $g(X_M) = \displaystyle\sum_{x_i \in X_M}x_i^{0.1}$	s. t. $0 \leqslant x_i \leqslant 1$, $i = 1, 2, \cdots, n$

表 F. 3 (续)

函数名称	函数定义	约束条件
DTLZ7	$\min f_1(X_1) = x_1$ $\min f_2(X_2) = x_2$ $\min f_{M-1}(X_{M-1}) = x_{M-1}$ $\min f_M(X) = (1+g(X_M))h(f_1, f_2, \cdots, f_{M-1}, g)$ $g(X_M) = 1 + \dfrac{9}{\mid X_M \mid} \sum\limits_{x_i \in X_M} x_i$ $h(f_1, f_2, \cdots, f_{M-1}, g) = M - \sum\limits_{i=1}^{M-1} \dfrac{f_i}{1+g}(1 + \sin(3\pi f_i))$	s. t. $0 \leqslant x_i \leqslant 1$, $i = 1, 2, \cdots, n$
DTLZ8	$\min f_i(X) = \dfrac{1}{\left[\dfrac{n}{M}\right]} \sum\limits_{i = \left[(j-1)\frac{n}{M}\right]}^{\left[j\frac{n}{M}\right]} x_i, \; j = 1, 2, \cdots, M$ $g_j(X) = f_M(X) + 4f_j(X) - 1 \cdots 0, \; j = 1, 2, \cdots, (M-1)$ $g_M(X) = 2f_M(X) + \min\limits_{i \neq j}^{M-1} i, \; j = [f_i(X) + f_i(X)] - 1 \cdots 0$	s. t. $0 \leqslant x_i \leqslant 1$, $i = 1, 2, \cdots, n$
DTLZ9	$\min f_i(X) = \sum\limits_{\left[i = \lfloor (j-1)\frac{n}{M}\right]}^{\left[j\frac{n}{M}\right]} x_i, \; j = 1, 2, \cdots, M$ $g_j(X) = f_M^2(X) + f_j^2(X) - 1 \cdots 0, \; j = 1, 2, \cdots, (M-1)$	s. t. $0 \leqslant x_i \leqslant 1$, $i = 1, 2, \cdots, n$

表 F. 4　ZDT 测试函数 (ZDT1 ~ ZDT6)

函数名称	函数定义	约束条件
ZDT 1	$\min f_1(x_1) = x_1$ $\min f_2(x) = g\left(1 - \sqrt{\left(\dfrac{f_1}{g}\right)}\right)$ $g(x) = 1 + 9 \sum\limits_{i=2}^{m} \dfrac{x_i}{m-1}$	s. t. $0 \leqslant x_1 \leqslant 1$, $i = 1, 2, 3, \cdots, 30$

表F.4(续)

函数名称	函数定义	约束条件
ZDT2	$\min f_1(x_1) = x_1$ $\min f_2(x) = g\left(1-\left(\dfrac{f_1}{g}\right)^2\right)$ $g(x) = 1 + 9\sum\limits_{i=2}^{m}\dfrac{x_i}{m-1}$	s.t. $0 \leqslant x_1 \leqslant 1$ $i = 1, 2, 3, \cdots, 30$
ZDT3	$\min f_1(x_1) = x_1$ $\min f_2(x) = g\left(1-\sqrt{\dfrac{f_1}{g}}-\left(\dfrac{f_1}{g}\right)\sin(10\pi f_1)\right)$ $g(x) = 1 + 9\sum\limits_{i=2}^{m}\dfrac{x_i}{m-1}$	s.t. $0 \leqslant x_1 \leqslant 1$ $i = 1, 2, 3, \cdots, 30$
ZDT4	$\min f_1(x_1) = x_1$ $\min f_2(x) = g\left(1-\sqrt{\dfrac{f_1}{g}}\right)$ $g(x) = 1 + 10(m-1) + \sum\limits_{i=2}^{m}(x_i^2 - 10\cos(4\pi x_i))$	s.t. $0 \leqslant x_1 \leqslant 1$ $-5 \leqslant x_i \leqslant 5$ $i = 2, 3, \cdots, 9$
ZDT5	$\min f_1(x_1) = 1+u(x_1)$ $v(u(x_i)) = \begin{cases} 2+u(x_i), & u(x_i) < 5 \\ 1, & u(x_i) = 5 \end{cases}$ $\min f_2(x) = \dfrac{g}{f_1}$ $g(x) = \sum\limits_{i=2}^{n} v(u(x_i))$	s.t. $0 \leqslant u(x_1^*) \leqslant 30$ $u(x_1^*) = 5$, for $i = 2, 3, \cdots, n$
ZDT6	$\min f_1(x_1) = 1-\exp(-4x_1)\sin^6(6\pi x_1)$ $\min f_2(x) = g\left(1-\left(\dfrac{f_1}{g}\right)^2\right)$ $g(x) = 1 + 9\sum\limits_{i=2}^{m}\left(\dfrac{x_i}{m-1}\right)^{0.25}$	s.t. $0 \leqslant x_1 \leqslant 1$ $i = 1, 2, \cdots, 10$

表 F.5　WFG 测试函数(WFG1~WFG9)

函数名称	函数定义
WFG1	$h_{m=1:(M-1)}=convex_m$ $h_M=mixed_M(\text{with } \alpha=1 \text{ and } A=5)$ $t^1_{i=1:k}=y_i$ $t^1_{i=(k+1):n}=s\_linear(y_i,\ 0.35)$ $t^2_{i=1:k}=y_i$ $t^2_{i=(k+1):n}=b\_flat(y_i,\ 0.8,\ 0.75,\ 0.85)$ $t^3_{i=1:n}=b\_poly(y_i,\ 0.02)$ $t^4_{i=1:(M-1)}=r\_sum\left(\begin{matrix}\{y_{(i-1)k/(M-1)+1},\ \cdots,\ y_{ik/(M-1)}\},\\ \left\{\dfrac{2(i-1)k}{M-1}+1,\ \cdots,\ \dfrac{2ik}{M-1}\right\}\end{matrix}\right)$ $t^4_M=r\_sum(\{y_{k+1},\ \cdots,\ y_n\},\ \{2(k+1),\ \cdots,\ 2n\})$
WFG2	$h_{m=1:(M-1)}=convex_m$ $h_M=disc_M(\text{with } \alpha=\beta=1 \text{ and } A=5)$ $t^1_{i=1:k}=y_i$ $t^1_{i=(k+1):n}=s\_linear(y_i,\ 0.35)$ $t^2_{i=1:k}=y_i$ $t^2_{i=(k+1):(k+l/2)}=r\_nonsep(\{y_{k+2(i-k)-1},\ y_{k+2(i-k)}\},\ 2)$ $t^3_{i=1:(M-1)}=r\_sum(\{y_{(i-1)k/(M-1)+1},\ \cdots,\ y_{ik/(M-1)}\},\ \{1,\ \cdots,\ 1\})$ $t^3_M=r\_sum(\{y_{k+1},\ \cdots,\ y_{k+l/2}\},\ \{1,\ \cdots,\ 1\})$
WFG3	$h_{m=1:M}=linear_m(degenerate)$ $t^1\sim t^3$ 与 WFG2 中的 $t^1\sim t^3$ 一致
WFG4	$h_{m=1:M}=concave_m$ $t^1_{i=1:n}=s\_multi(y_i,\ 30,\ 10,\ 0.35)$ $t^2_{i=1:(M-1)}=r\_sum(\{y_{(i-1)k/(M-1)+1},\ \cdots,\ y_{ik/(M-1)}\},\ \{1,\ \cdots,\ 1\})$ $t^2_M=r\_sum(\{y_{k+1},\ \cdots,\ y_n\},\ \{1,\ \cdots,\ 1\})$
WFG5	$h_{m=1:M}=concave_m$ $t^1_{i=1:n}=s\_decept(y_i,\ 0.35,\ 0.001,\ 0.05)$ $t^2_{i=1:(M-1)}=r\_sum(\{y_{(i-1)k/(M-1)+1},\ \cdots,\ y_{ik/(M-1)}\},\ \{1,\ \cdots,\ 1\})$ $t^2_M=r\_sum(\{y_{k+1},\ \cdots,\ y_n\},\ \{1,\ \cdots,\ 1\})$

表F.5(续)

函数名称	函数定义
WFG6	$h_{m=1:M}=concave_m$ $t^1_{i=1:k}=y_i$ $t^1_{i=(k+1):n}=s\_linear(y_i,0.35)$ $t^2_{i=1:(M-1)}=r\_nonsep\left(\{y_{(i-1)k/(M-1)+1},\cdots,y_{ik/(M-1)}\},\dfrac{k}{M-1}\right)$ $t^2_M=r\_nonsep(\{y_{k+1},\cdots,y_n\},l)$
WFG7	$h_{m=1:M}=concave_m$ $t^1_{i=1:k}=b\_param\left(\_sum(\{y_{i+1},\cdots,y_n\},\{1,\cdots,1\}),\dfrac{0.98}{49.98},0.02,50\right)$ $t^1_{i=(k+1):n}=y_i$ $t^2_{i=1:k}=y_i$ $t^2_{i=(k+1):n}=b\_flat(y_i,0.8,0.75,0.85)$
WFG8	$h_{m=1:M}=concave_m$ $t^1_{i=1:k}=y_i$ $t^1_{i=(k+1):n}=b\_param\left(y_i,r\_sum(\{y_1,\cdots,y_{i-1}\},\{1,\cdots,1\}),\dfrac{0.98}{49.98},0.02,50\right)$ $t^2_{i=1:k}=y_i$ $t^2_{i=(k+1):n}=b\_flat(y_i,0.8,0.75,0.85)$
WFG9	$h_{m=1:M}=concave_m$ $t^1_{i=(k+1):n-1}=b\_param\left(\_sum(\{y_{i+1},\cdots,y_n\},\{1,\cdots,1\}),\dfrac{0.98}{49.98},0.02,50\right)$ $t^1_n=y_n$ $t^2_{i=1:k}=s\_decept(y_i,0.35,0.001,0.05)$ $t^2_{i=(k+1):n}=s\_multi(y_i,30,95,0.35)$

表 F.6 CEC2013 测试函数(1~15)

函数名称	函数定义
Rotated Rosenbrock's Function	$f_6(x)=\sum\limits_{i=1}^{D-1}(100(z_i^2-z_{i+1})^2+(z_i-1)^2)+f_6^*$ $z=M_1\dfrac{2.048(x-o)}{100}+1$

表F.6(续)

函数名称	函数定义
Rotated Schaffers F7 Function	$f_7(x) = \left(\dfrac{1}{D-1}\sum_{i=1}^{D-1}(\sqrt{z_i} + \sqrt{z_i}\,\sin^2(50z_i^{0.2}))\right)^2 + f_7^*$ $z_i = \sqrt{y_i^2 + y_{i+1}^2}$ for $i = 1,\cdots,D,\ y = \Lambda^{10}M_2T_{\text{asy}}^{0.5}(M_1(x-o))$
Rotated Ackley's Function	$f_8(x) = -20\exp\left(-0.2\sqrt{\dfrac{1}{D}\sum_{i=1}^{D}z_i^2}\right) - \exp\left(\dfrac{1}{D}\sum_{i=1}^{D}\cos(2\pi z_i)\right) + 20 + e + f_8^*$ $z = \Lambda^{10}M_2T_{\text{asy}}^{0.5}(M_1(x-o))$
Rotated Weierstrass Function	$f_9(x) = \sum_{i=1}^{D}\left(\sum_{k=0}^{k_{\max}}(a^k\cos(2\pi b^k(z_i + 0.5)))\right) - D\sum_{k=0}^{k_{\max}}(a^k\cos(2\pi b^k \times 0.5)) + f_9^*$ $a = 0.5,\ b = 3,\ k_{\max} = 20$ $z = \Lambda^{10}M_2T_{\text{asy}}^{0.5}\left(M_1\dfrac{0.5(x-o)}{100}\right)$
Rotated Griewank's Function	$f_{10}(x) = \sum_{i=1}^{D}\dfrac{z_i^2}{4000} - \prod_{i=1}^{D}\cos\dfrac{z_i}{\sqrt{i}} + 1 + f_{10}^*$ $z = \Lambda^{100}M_1\dfrac{600(x-o)}{100}$
Rastrigin's Function	$f_{11}(x) = \sum_{i=1}^{D}(z_i^2 - 10\cos(2\pi z_i) + 10) + f_{11}^*$ $z = \Lambda^{10}T_{\text{asy}}^{0.2}\left(T_{\text{osz}}\dfrac{5.12(x-o)}{100}\right)$
Rotated Rastrigin's Function	$f_{12}(x) = \sum_{i=1}^{D}(z_i^2 - 10\cos(2\pi z_i) + 10) + f_{12}^*$ $z = M_1\Lambda^{10}M_2T_{\text{asy}}^{0.2}\left(T_{\text{osz}}\left(M_1\dfrac{5.12(x-o)}{100}\right)\right)$

表 F.6(续)

函数名称	函数定义
Non-continuous Rotated Rastrigin's Function	$$f_{13}(x) = \sum_{i=1}^{D} (z_i^2 - 10\cos(2\pi z_i) + 10) + f_{13}^*$$ $$\hat{x} = M_1 \frac{5.12(x-o)}{100}, \quad y_i = \begin{cases} \hat{x}_i, & \text{if } |\hat{x}_i| \le 0.5 \\ \dfrac{\text{round}(2\hat{x}_i)}{2}, & \text{if } |\hat{x}_i| > 0.5 \end{cases} \quad \text{for } i = 1, 2, \cdots, D$$ $$z = M_1 \Lambda^{10} M_2 T_{\text{asy}}^{0.2}(T_{\text{osz}}(y))$$
Schwefel's Function	$$f_{14}(z) = 418.9829D - \sum_{i=1}^{D} g(z_i) + f_{14}^*$$ $$z = \Lambda^{10}\left(\frac{1000(x-o)}{100}\right) + 4.209687462275036e+002$$ $$g(z_i) = \begin{cases} z_i \sin |z_i|^{\frac{1}{2}}, & |z_i| \le 500 \\ (500 - \text{mod}(z_i, 500))\sin(\sqrt{|500 - \text{mod}(z_i, 500)|}) - \dfrac{(z_i - 500)^2}{10000D}, & z_i > 500 \\ (\text{mod}(|z_i|, 500) - 500)\sin(\sqrt{|\text{mod}(|z_i|, 500) - 500|}) - \dfrac{(z_i + 500)^2}{10000D}, & z_i < -500 \end{cases}$$
Rotated Schwefel's Function	$$f_{15}(z) = 418.9829D - \sum_{i=1}^{D} g(z_i) + f_{15}^*$$ $$z = \Lambda^{10} M_1\left(\frac{1000(x-o)}{100}\right) + 4.209687462275036e+002$$ $$g(z_i) = \begin{cases} z_i \sin |z_i|^{\frac{1}{2}}, & |z_i| \le 500 \\ (500 - \text{mod}(z_i, 500))\sin(\sqrt{|500 - \text{mod}(z_i, 500)|}) + \dfrac{(z_i - 500)^2}{10000D}, & z_i > 500 \\ (\text{mod}(|z_i|, 500) - 500)\sin(\sqrt{|\text{mod}(|z_i|, 500) - 500|}) + \dfrac{(z_i + 500)^2}{10000D}, & z_i < -500 \end{cases}$$

表F.6(续)

函数名称	函数定义
Rotated Katsuura Function	$f_{16}(x) = \dfrac{10}{D^2} \prod_{i=1}^{D}\left(1 + i\sum_{j=1}^{32}\dfrac{\mid 2^j z_i - \text{round}(2^j z_i)\mid}{2^j}\right)^{\frac{10}{D^{1.2}}} - \dfrac{10}{D^2} + f_{16}^*$ $z = M_2\Lambda^{100}\left(M_1\left(\dfrac{5(x-o)}{100}\right)\right)$
Lunacek bi-Rastrigin Function	$f_{17}(x) = \min\left(\sum_{i=1}^{D}(\bar{x}_i - \mu_0)^2, \; dD + s\sum_{i=1}^{D}(\bar{x}_i - \mu_1)^2\right) + 10\left(D - \sum_{i=1}^{D}\cos(2\pi\bar{z}_i)\right) + f_{17}^*$ $\mu_0 = 2.5, \; \mu_1 = -\sqrt{\dfrac{\mu_0^2 - d}{s}}, \; s = 1 - \dfrac{1}{2\sqrt{D+20} - 8.2}, \; d = 1$ $y = \dfrac{10(x-o)}{100}, \; \hat{x}_i = 2\,\text{sign}(x_i^*)y_i + \mu_0, \; \text{for } i = 1, 2, \cdots, D$ $z = \Lambda^{100}(\hat{x} - \mu_0)$
Rotated Lunacek bi-Rastrigin Function	$f_{18}(x) = \min\left(\sum_{i=1}^{D}(\bar{x}_i - \mu_0)^2, \; dD + s\sum_{i=1}^{D}(\bar{x}_i - \mu_1)^2\right) + 10\left(D - \sum_{i=1}^{D}\cos(2\pi\bar{z}_i)\right) + f_{18}^*$ $\mu_0 = 2.5, \; \mu_1 = -\sqrt{\dfrac{\mu_0^2 - d}{s}}, \; s = 1 - \dfrac{1}{2\sqrt{D+20} - 8.2}, \; d = 1$ $y = \dfrac{10(x-o)}{100}, \; \hat{x} = 2\,\text{sign}(y_i^*)y_i + \mu_0, \; \text{for } i = 1, 2, \cdots, D,$ $z = M_2\Lambda^{100}(M_1(\bar{x} - \mu_0))$
Rotated Expanded Griewank's plus Rosenbrock's Function	Basic Griewank's Function: $g_1(x) = \sum_{i=1}^{D}\dfrac{x_i^2}{4000} - \prod_{i=1}^{D}\cos\left(\dfrac{x_i}{\sqrt{i}}\right) + 1$ Basic Rosenbrock's Function: $g_2(x) = \sum_{i=1}^{D-1}\left(100(x_i^2 - x_{i+1})^2 + (x_i - 1)^2\right)$ $f_{19}(x) = g_1(g_2(z_1, z_2)) + g_1(g_2(z_2, z_3)) + \cdots + g_1(g_2(z_{D-1}, z_D)) + g_1(g_2(z_D, z_1)) + f_{19}^*$ $z = M_1\left(\dfrac{5(x-o)}{100}\right) + 1$

表 F.6(续)

函数名称	函数定义
Rotated Expanded Scaffer's F6 Function	Scaffer's F6 Function: $g(x, y) = 0.5 + \dfrac{(\sin^2(\sqrt{x^2 + y^2}) - 0.5)}{[1 + 0.001(x^2 + y^2)]^2}$ $f_{20}(x) = g(z_1, z_2) + g(z_2, z_3) + \cdots + g(z_{D-1}, z_D) + g(z_D, z_1) + f_{20}^*$ $z = M_2 T_{asy}^{0.5}(M_1(x - o))$